U0146990

大人的物理學

從自然哲學到暗物質之謎

THE STORY *of* PHYSICS

ANNE ROONEY

安・魯尼——著

蔡承志——譯 張明哲——審訂

THE STORY of
PHYSICS

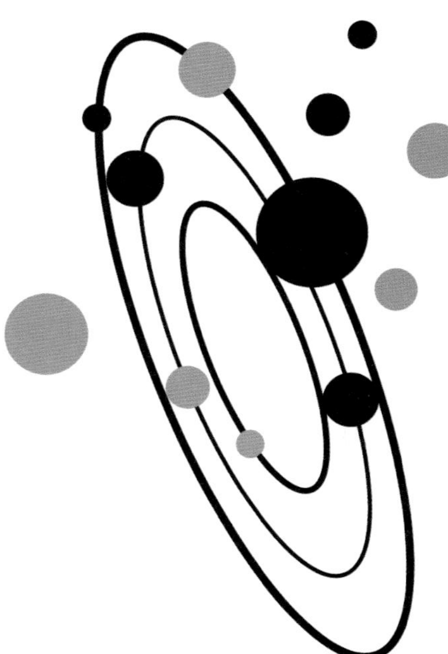

目錄

導論

宇宙之書

「除非先學習認識著述成宇宙之書的語言，否則是沒辦法理解書本內容的。宇宙之書是以數學的語言寫成，而它的文字則是三角、圓和其他幾何圖形，缺了這些，人類就完全不可能理解書中一字一句，缺了這些，我們就只能在黑暗迷宮中遊蕩。」

伽利略

《試金者》（*The Assayer*）

1623 年

物理學是支持其他所有學問的根本科學，也是我們用來探索實相的工具；其目標是要解釋宇宙從星系到次原子粒子是如何運作。我們有關物理世界的眾多發現，都是人類成就的巔峰代表作。《大人的物理學》追溯人類嘗試解讀宇宙之書的軌跡，探尋我們如何學習並使用文藝復興時期科學家伽利略・伽利萊（Galileo Galilei, 1564-1642）所描述的數學語言。這本書還坦露，我們知道的仍是多麼有限——我們掌握的整體物理學，約只處理宇宙的 4%，其他 96% 依然是個尚待解答的謎團。

物理學的誕生

實驗方法發展出現之前，早期科學家——當時他們號稱「自然哲學家」——

仙女座星系是最靠近銀河系的星系：物理學嘗試解釋萬象，從時間的開端到宇宙的終結。

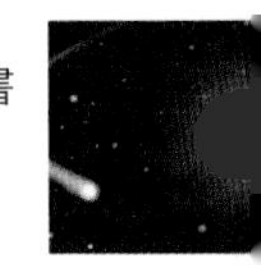

運用推理來認識他們身邊的事物，並設想理論來解釋萬象。由於天體似乎都跨越天空運行，我們許多前輩歸結認定，地球乃是位於宇宙中心，萬物都繞著它旋轉。

少數抱持不同看法的人，必須想出良好論點來駁斥常理解答，而且兩千年來，他們都寡不敵眾，有時還遭人譏諷甚至迫害。

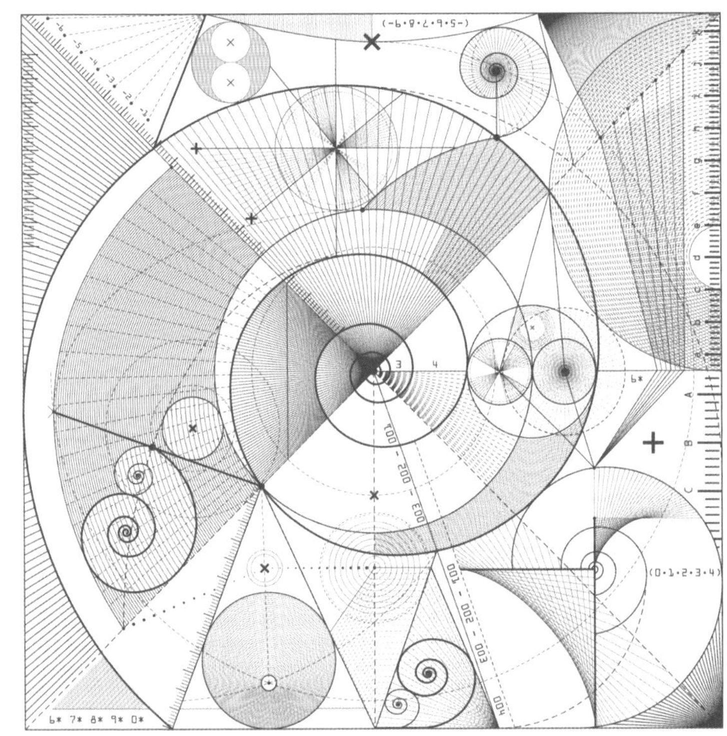

構成宇宙的模式、形狀和數量，都是物理學的研究課題。

許多迷信和宗教信仰，都根源自我們對觀測世界所提出的解釋。好比太陽是由一位超自然馬車夫駕車載著橫越天空，所以才有日出現象。另一方面，科學則努力尋找所觀測現象的真正本質和起因。就我們所知，古希臘人最早嘗試以觀測與推理為本來設想解釋，並取代

米利都的泰勒斯（Thales of Miletus, c.624-546BCE）

這是第一位稱得上是科學家和哲學家，而且叫得出名字的人，兩千五百年前住在現今土耳其地帶。泰勒斯在埃及從事研究，獲世人稱譽為把數學和天文學傳往希臘的人。泰勒斯列名古希臘七賢之林，咸認他絕頂聰明，說不定還教導過畢達哥拉斯（Pythagoras）和阿那克西曼德（Anaximander）兩位哲學家。泰勒斯主張，我們周遭世界萬事萬象，全都根源自某種物理的起因，不是什麼超自然因素造成的，於是他開始搜尋決定萬物作用的物理起因。他的著述完全沒有留存下來，很難評估他的真正貢獻。

神祕與迷信解釋。最早不仰賴宗教信仰來嘗試解釋自然界的第一人，有可能是泰勒斯，不過第一位真正的科學家，或許是徹底奉守經驗主義的希臘思想家亞里斯多德（Aristotle, 384-322BCE）。他認為，經由仔細觀察和測量，我們對支配萬物的定律，就能產生一定的認識。亞里斯多德是柏拉圖（Plato, c.428-347BCE）的弟子，他遵循演繹路徑（見邊欄），也相信單憑推理，人類就能解答宇宙奧祕。亞里斯多德奉守「歸納推理」；亦即從觀測世界入手進行邏輯思考。他掌握了科學方法的開端。

儘管亞里斯多德並沒有提議進行實驗，不過他倒是倡言，應該針對一項課題全面探究先前的所有著述（依現代用詞稱為文獻探討），進行實驗觀察和測量，接著運用推理來歸出結論。

希臘人最早把科學區分為不同學科。亞歷山大港（Alexandria）的偉大圖書館設計出最早的圖書目錄，而這也就是亞里斯多德所稱任何考察都不可或缺的文獻探討之基本要件。

Tales

一幅描繪泰勒斯的中世紀作品。

歸納與演繹推理

演繹推理是種「由上至下」的論證法，柏拉圖的途徑就是個例證。科學家或哲學家建構理論，逐步發展假設來檢驗理論，進行觀測並驗證確認（或反駁）該假設。歸納推理的起點是對世界進行觀測來設法得出解釋。首先識別模式，接著提出一項假設來予以解釋，並進一步擬出一項普適的理論。亞里斯多德的方法屬於歸納式。科學家艾薩克・牛頓（Isaac Newton, 1642-1727）是最早認可演繹和歸納推理在科學思想都佔有一席地位的人士之一。

從經驗主義到實驗

隨著希臘化時期（Hellenistic age，古典希臘文明高峰期）踏向終點，以科學方法來認識自然界的做法也逐步衰頹，直到第七世紀阿拉伯科學崛起之後，情況方才改觀。才華橫溢的伊本・哈桑・伊本・海什木（Ibn al-Hassan Ibn al-Haytham, 965-1040）發展出一套與現代實驗法雷同的程序。首先他陳述問題，接著經由實

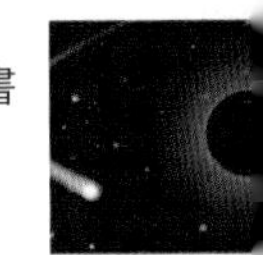

> 「與其當波斯人的王，我寧可發現一件事實的真正起因。」
>
> 德謨克利特
>
> （Democritus, c.450-c.370BCE）
>
> 哲學家

驗來測試他的假設，解釋資料並歸出一項結論。他採行一種懷疑的質問態度，並認定做學問必須有嚴苛控管的測量和研究體系。其他阿拉伯科學家更就此增補識見。阿布・拉伊汗・比魯尼（Abu Rayhan al-Biruni, 973-1048）知道，不完善的儀器或不可靠的觀察者，會帶來錯誤和偏差。他建議，實驗應該反覆數次，綜合個別結果來得出一項可靠的結果。拉哈威（Al-Rahwi, 851-934）醫師導入同儕審查的概念，主張醫事人員應該記載他們所採步驟，開放供其他地位相當的醫師審閱——不過他的主要動機，是為了避免因執業過失遭受懲處。阿布・賈比爾（Abu Jabir, 721-815）是率先為他的化學領域導入受控實驗的第一人，還有受歐洲人尊稱為阿維森納（Avicenna）的伊本・西那（Ibn Sina, c.980-1037）則斷言，演繹應該以歸納法和實驗法為本。阿拉伯科學家很看重一致共識，往往把不獲旁人支持的邊緣構想剷除。

然而伊斯蘭教的發展，終究是妨礙了阿拉伯科學家的求知進程。對世界心懷質疑，逐漸被視為一種褻瀆神明的活動，彷彿那是窺探神明手法，意圖違犯神聖奧祕的作為。虔誠的（或敬謹的）穆斯林科學家能做的活動，都經過圈限劃定。伊斯蘭自然哲學家拋棄的科學求知火炬，隨後便由中世紀信仰基督教的歐洲學者拾起。

阿拉伯科學和亞里斯多德的作品，到中世紀時已經翻成拉丁文譯本並流入歐洲。十二世紀文藝復興時期的作者，開始把襁褓中的科學方法，整合納入他們自己的研究，來滋育這種求知方式，不過起初仍沒有挑戰傳統權威。英國方濟各會修士羅傑・培根（Roger Bacon, c.1210-c.1292）是最早提出質疑，認

科學方法

今天普遍採行的科學方法遵循以下步驟：

- 陳述說明疑難或問題。接著這就可以縮減範圍，構成能以一項實驗或一組實驗來解答的事項。
- 陳述假設。
- 設計實驗來檢定該假設。實驗必須是種公平的測試，具有受控變項（保持不變）和一項獨立變項（會改變的條件）。
- 執行試驗，進行記錄觀察和測量。
- 分析資料。
- 說明結論並送交同儕審查。

為不該對古代著述無條件接納的人士之一。他還倡導應該針對已經確立的理念重新予以檢視。他尤其著眼於亞里斯多德著述，認為他的理念在眾多領域都經採信為絕對真理是不對的，並主張就他的諸般結論進行檢驗。亞里斯多德無疑會認可運用實證做法來重新評估並質疑他的著述。就培根本人的科學方面，他奉行的模式是先根據觀察結果來建構一項假設，然後進行實驗來檢定那項假設。他重做他的實驗，來驗證自己所得結果，接著還把他的做法鉅細靡遺記載下來，這樣其他科學家就能詳細審視他的論述。他稱實驗法是「自然的煩擾」（vexation of nature）。他表示，「我們藉由巧妙地煩擾自然所學到的東西，超過我們經由耐心觀察的收穫。」

另一位姓培根的是英國律師暨哲學家法蘭西斯．培根（Francis Bacon, 1561-1626），他提出了一種新的科學研究途徑，並在他 1621 年的《科學新工具論》（*Novum Organum Scientiarum*）書中發表。他認為實驗結果有助於釐清矛盾的理論，協助人類向真理邁進。他宣揚歸納推理是科學思想之本。培根制定出一套步驟，擬出觀察、實驗、分析與歸納推理程序，這套做法經常被視為現代科學方法的開端。他的方法從一個消極面（negative aspect）入手——擺脫「偶像」心態或經認可的見解——進展到關乎探索、實驗和歸納的積極面（positive aspect）。

科學革命

儘管培根是最早構思出這種方法的第一人，伽利略卻早就採行了一種相仿的實驗途徑。伽利略大力擁護歸納推理，他知道，複雜世界的經驗證據永遠不會與理論的純淨特性相符。他思忖，一項實驗不可能把所有變項都納入考量。舉例來說，他認為他的重力實驗永遠沒辦法排除空氣的阻力作用或摩擦力。然

> 相傳培根是在 1626 年進行一項實驗，製造出第一隻冷凍雞之後死亡：「有一次〔法蘭西斯．培根子爵〕和威瑟伯恩（Witherborne）醫師搭馬車出遊前往海格特（Highgate），四野積雪茫茫，子爵想到，雪難道不能像鹽一樣用來保藏鮮肉？他們斷然決定當下就試著做個實驗。他們下了馬車，走進海格特山山腳一個貧婦屋內，買了一隻母雞，吩咐那婦人殺雞清除內臟，接著就在雞隻體內填塞白雪，而且子爵還親自動手幫忙。結果寒雪讓他嚴重受凍，馬上病倒，情況危急……〔他染上了〕嚴重傷風，我記得霍布斯（Hobbes）先生是這樣告訴我，兩、三天不到，他就因呼吸困難而死。」
>
> 約翰．奧布里（John Aubrey）
> 《名人小傳》（*Brief Lives*）

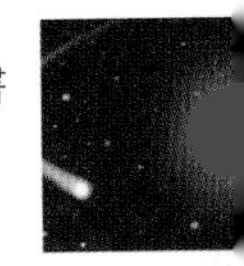

而，把做法和測量標準化之後，只要反覆進行一項實驗，或許也可以讓不同人來做，最後就能得出一組結果，並得以由此推出普適的結論。伽利略對實驗法深具信心，甚至願意賭上他的聲望，在1611年公開進行一次實地示範，來解決一項爭議。他和比薩（Pisa）一位敵對教授相持不下，爭辯相同原料（因此密度相等）的物體的形狀，是否影響它們能不能在水中浮起。伽利略向那位教授挑戰，建議公開進行實地示範，並表示他會站在實驗結果這邊，另一位教授沒有現身。

科學社群

隨著對科學的興趣與日俱增，從十七世紀開始，歐洲各地也因應出現了各式科學社群。這些組織為科學對談、實驗和發展提供了焦點核心。最早成立的是義大利「猞猁之眼科學院」（Accademia dei Lincei），由熱愛科學的佛羅倫斯富人費德里科·切西（Federico Cesi）創建。切西才十八歲時便認為，科學家應該直接研究自然，不該仰賴亞里斯多德哲學為指導方針。最早一批學院成員共同居住在切西的宅第，由他供應書籍和一處配備齊全的實驗室。學院成員包括荷蘭醫師約翰內斯·埃克（Johannes Eck, 1579-1630）、義大利學者吉安巴蒂斯塔·德拉·波爾塔（Giambattista della Porta, c.1535-1615）和——最著名的——伽利略。學院最興盛時擁有散居歐洲各處的32名成員。學院在1605年聲明其宗旨是「求知認識萬物並累積智慧……向民眾冷靜宣揚……並不帶來任何傷害」。儘管如此，那個團體卻遭指控施行妖術，違犯教會信條，還過著可恥的生活。

猞猁之眼是個深具個人風格的大膽嘗試，切西在1630年死後，學院也很快就偃旗息鼓。接著佛羅倫斯的「實驗學

年輕時期的羅伯特·波義耳。

院」（Academy of Experiment）繼之而起，在1657年成立，由伽利略生前兩位弟子，喬凡尼·博雷利（Giovanni Alfonso Borelli, 1608-79）和溫琴佐·維維亞尼（Vincenzo Viviani, 1622-1703）協同創建。這個學院同樣很短命，十年過後，就在1667年解散，約正當科學發展中心從義大利移往英國、法國、德國、比利時和荷蘭之際。

「現代科學的誕生必須歸功於伽利略，他在這方面的貢獻大概無人能及。」

史蒂芬·霍金（Stephen Hawking）
英國宇宙學家，2009年

這類科學社群當中規模最大的是「倫敦皇家學會」（Royal Society of London）。儘管正式成立於1660年，它的根源則是出自科學家的一所「無形學院」（invisible college），這是他們從1640年代起，開始聚會討論形成的組織。學院創辦時共有十二名成員，其中包括英國建築師，克里斯多佛·雷恩（Christopher Wren, 1632-1723）爵士和愛爾蘭化學家羅伯特·波義耳（Robert Boyle, 1627-91）。雷恩在開幕演講上談起創辦「一所學院來推廣物理—數學之實驗學識」。學會規劃採每週聚會，共同見證實驗並討論科學課題，第一任實驗負責人則由羅伯特·虎克（Robert Hooke, 1635-1703）擔任。學會起初似乎沒有名稱，後來的「皇家學會」稱呼，最早在1661年見諸文獻，接著1663年《第二份皇家特許狀》（*Second Royal Charter*）便指稱該學會為「倫敦皇家自然知識促進學會」。這是第一個成立的「皇家學會」組織。學會在1661年開始取得一套圖書收藏，接著是科學標本博物館藏，還有虎

那個時代的虎克肖像完全沒有留存下來。1710年曾有一幅肖像保存在皇家學會，不過相傳牛頓令人把它毀掉。

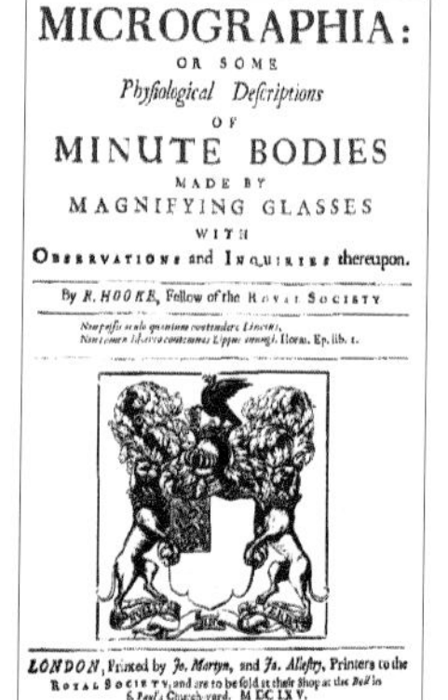
MICROGRAPHIA:
OR SOME
Physiological Descriptions
OF
MINUTE BODIES
MADE BY
MAGNIFYING GLASSES
WITH
OBSERVATIONS and INQUIRIES thereupon.

By R. HOOKE, Fellow of the ROYAL SOCIETY

LONDON, Printed by Jo. Martyn, and Ja. Allestry, Printers to the ROYAL SOCIETY, and are to be sold at their Shop at the Bell in S. Paul's Church-yard. M DC LXV.

虎克的《顯微圖譜》頭一次顯現生命的毫微細節。

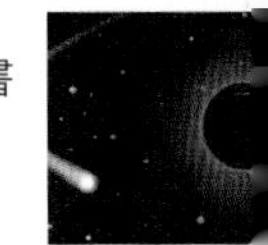

克的顯微鏡載玻片。到了 1662 年，學會獲頒圖書出版特許狀，他們的頭兩本書籍當中，有一本是虎克的《顯微圖譜》（*Micrographia*）。1665 年，皇家學會發行第一期《自然科學會報》（*Philosophical Transactions*），如今這已經成為仍持續出版的最古老科學期刊。

皇家學會成立之後，巴黎的「法國科學院」（Académie des Sciences）也很快在 1666 年創建。法國科學院的成員不必是科學家，而且拿破崙．波拿巴（Napoleon Bonaparte）還一度擔任院長。偉大的科學使命很快成為國家尊嚴和國際對抗的源頭，特別就法蘭西共和國和拿破崙的法國而言。

巴黎萬神殿的傅科擺，生動演示地球如何繞軸自轉。

最好的科學工具——頭腦

亞里斯多德不靠設備器材，也沒有做實驗，逕自設想出種種模型，來闡釋物質之本質和物體在不同狀況下的行為，而且都能與當時已有的知識相互印證。二十世紀早期，物理學家阿爾伯特．愛因斯坦（Albert Einstein, 1879-1955）開創物理學大變革，單憑紙筆掀起物理革命，並建構科學的宇宙觀。就如亞里斯多德，他是以宇宙觀測為本來發展理論，投入處理在當時無法真正以實驗或甚至測量來探究的諸般現象。然而愛因斯坦又有別於亞里斯多德，他遵循牛頓在 1687 年開創的做法，嚴謹運用數學來支持他的論證，並顯示他的體系能與已知現象相互印證。他提出的預測，後來都獲得觀測和實驗的支持。如今的物理學新模型，通常都會動用大量數學來進行測試，就這方面來看，現代物理學家比先前世代都佔了優勢。如今他們有了電腦，能執行高速運算，而這類工作在不太久遠的過去，仍得投入終生時光才能完成。

不過這所有科學進展的背後，都得靠人類的巧思和好奇心來驅動進步，這點不論就現今的大學和研究實驗室，或者古希臘的戶外學園，全都沒有兩樣。

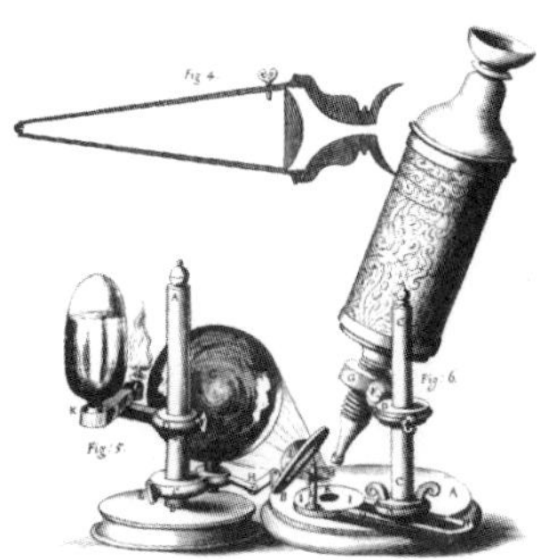

虎克的顯微鏡。

第一章

心物之辯

看著一件實心的物體，很難想像它是由許多非常纖小的粒子和大片空無空間共組而成。而且當我們凝神思索，粒子本身的組成是空間多於物質，這又更令人感到奇怪了。物質並不是連續的，甚至還含有大量空無空間的想法——這是現代原子理論的忠實描繪——最早約在兩千五百年前提出。即便如此，原子理論為絕大多數科學家採信，只略超過一個世紀。當中這段時期，這項概念都不為人信服，甚至遭人譏諷。

《穀神和四元素》，作者：老簡．勃魯蓋爾（Jan Brueghel the Elder, 1568-1625）。

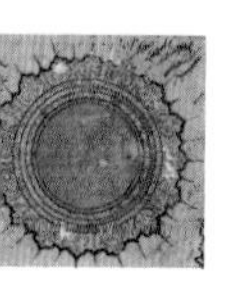

第一位物理學家？

> 「什麼都不說，就什麼都得不到。」
> 《李爾王》
> 第一幕，第一場

「自然哲學」——或如今我們所稱科學——的根源，或許出自古雅典。最早可以號稱物理學家的第一人，是活躍於西元前五世紀的阿那克薩哥拉（Anaxagoras）。當時邏輯學仍在襁褓期，他嘗試把他形形色色的觀測結果和他的實驗所得匹配起來，形成合乎邏輯的架構，期能以此來理解、解釋世界的本質。阿那克薩哥拉戮力追求一種物質宇宙觀，這裡面容不下迷信，也沒有神明插手的餘地，依這套體制，萬物都能以理性心智來解釋——這是個真正科學的模型。阿那克薩哥拉限制自己只研究能察覺的物質類別，從而為物理學家制定了一種模式，規範他們如何處理有形的物理世界，這套模式後來還延續了將近兩千五百年。

物質的種子

就阿那克薩哥拉看來，自然界的核心特徵是改變。在他眼中，所有事物都持續變動，一件事物會轉變成另一件事物，就這樣無止境循環下去。他說，物質不會無中生有，也不會消滅不復存在，而且他這種信念也見於早期兩位思想家，米利都的泰勒斯和巴門尼德（Parmenides, c.515-445BCE）。許久之後，法國化學家安東萬·拉瓦節（Antoine Lavoisier, 1743-94）也提出了這相同看法，稱為質量守恆律（見第30頁）。此外，他還宣稱所有物質都是以相同的基本原料組成的——必要的原質（property），或許還包含基本原料的「種子」。原質始終成對存在，而且分呈對立兩極，好比冷熱、明暗和酸甜。各原質的量，總計數值始終相等。種子基本上都屬於有機物質（血、肉、樹皮、毛皮）。

阿那克薩哥拉相信，物質的任何部分，不論尺寸多小，都包含所有的可能原質（或物料）。這就表示，物質必然能無限分割下去。居主導優勢的原質都顯而易見，並賦予原料可觀測的特性，其他原質則潛伏不顯。因此樹木多長樹皮，少長毛皮，不過依然是兩種都有一些——只是毛皮數量不夠顯現出「毛皮特性」。這就能解釋，原料如何能以其他任何原料製成，因為只要用上不同比例的所有原質（或物料），就能製成新的原料。

心智讓物質變得多采多姿

阿那克薩哥拉將另一種成分也拋進熔爐裡面，那就是心智，或智性（nous）。他認為心智並非普遍見於所有物質，只

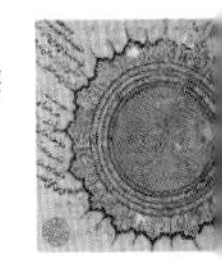

阿那克薩哥拉
（Anaxagoras, c.500-430BCE）

阿那克薩哥拉生於愛奧尼亞（Ionia，今土耳其西海岸地區），二十歲時遷往雅典，並馬上擠進了最高等知識圈。他成為伯里克里斯（Pericles）的親密夥伴和老師。伯里克里斯是雅典城勢力巔峰期（454-431BCE）的政治領袖。阿那克薩哥拉教導自然哲學，並就此寫了一部專論，這部著作後來為希臘哲學家蘇格拉底（Socrates, 469-399BCE）所採用。他的聲名遠揚，人盡皆知，他對知識生活所抱持的熱情，還有他對一切肉體和社交享樂漠然置之都遠近皆知，與他的教誨齊名。阿那克薩哥拉專一投入心智生活，其他一切全都輕忽，還任令他的物質遺產棄置荒廢。

儘管身為雅典知識界領導人物，卻在約三十年過後遷離該城，以致他的晚年境遇鮮為人知。他死在達達尼爾（Dardanelles）岸邊的蘭薩庫斯（Lampsacus），得年約七十歲，不過身後他的影響又延續了一個世紀。

依阿那克薩哥拉的基模，自然物件（好比獾）混雜了多類種子，包含毛皮、血液和骨頭，並具賦予生機的智性或「心智」。無生機物體同樣擁有不等比例的同類種子，不過它們並沒有「心智」。

存在於有生命的（活生生的或有意識的）事物裡面。不過心智還有另一個角色：在萬物初始的開端，物質並沒有區分成不同的原料，而是一堆同質的粒子或泥漿，後來才依循心智原則，細分為「固有」物質（'proper' matter）。

這看來根本就像某個神聖靈體的創世作為，然而阿那克薩哥拉卻又堅稱，他希望自己對世界的描述不摻雜絲毫迷信或宗教。他的「心智」並不是某個智慧生物，而是某種靈感元素，能啟動物理力量，讓元素物質開始旋轉運動，並促使其區隔、分化，還形成地球和太陽等星體。我們很難明確認識心智扮演了哪種角色，因為阿那克薩哥拉並沒有留下完整文本。不過，柏拉圖指稱，蘇格拉底買了一部阿那克薩哥拉的作品，因為他以為裡面包含了某種智能計畫設計的相關解釋，結果卻令他失望。

樹木起火燃燒，其組成要素便大幅重組。

萬物皆變動

阿那克薩哥拉擬出的模型闡述物質不生不滅，不過也解釋了我們周遭世界的可變異性，他認為這是由於物質的位置隨時間改變所致。把一棵樹砍倒，取木造船，物質也就移動了位置並重新組合了，不過種類依然相同，數量也與先前相等（把船隻、邊材和鋸木屑計算在內）。其他改變就得有比較微妙的重組：好比點火燃燒樹木便生成和木材完全不一樣的灰燼、水蒸氣和煙。既然所有物體都包含所有可能的物質類別和性質，唯一不同的只是比例，那麼各類物質都有可能衍生自任意物體——也因此，舉例來說，植物就能靠重組或抽取種種物質，從土壤生長出來。

阿那克薩哥拉明白，為了發揮作用，物質的組成部分（種子）必須極其纖小，否則根本不可能出現我們日常看到的改變。就他的模型來講，物質元件無限小的要件，肯定構成了無從克服的問題。

不可切割的部分

「原子」一詞出自古典希臘詞彙「atomos」，意指不可切割的或不可分割的。萬物都以不可分割的非常纖小粒子組成的推想，根源自西元前五世紀的留基伯（Leucippus）以及後來他的弟子德謨克利特（Democritus, c.460-

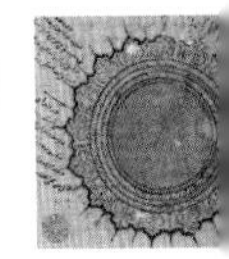

370BCE）的研究成果。我們對留基伯所知，遠不如對德謨克利特的認識，甚至希臘哲學家伊比鳩魯（Epicurus, 341-270BCE）都懷疑留基伯是否真有其人。我們無從確認，原子模型的哪個部分源出留基伯。依原子論所述，宇宙是以存在於虛空中的物質所組成，而物質則是以不可分割的微小粒子所構成。任何特定原料的原子，大小和形狀全都相同，而且是以相同物料所構成。

假使原子都是那麼纖小又同質（均一質地）的粒子，這時就會引發一個明顯問題——為什麼原子不能再細分下去？倘若德謨克利特曾經提出答案，到如今也蕩然無存了。說不定因為原子是同質的，所以內部並無虛空（至於大塊物質的原子之間則存有虛空），基於這一點，它們就無法分割。

這種以無限小粒子為物質組成成分的模型，先天還存有一個矛盾。阿那克薩哥拉所說的無限小，意思是粒子比一切任意細小尺寸都更小，卻也大於零。即便如此，他仍認為所有物體都含有無限數量的粒子，因為無論他拿了多小的分量，總是含有一切類別的若干物質。倘若原子或種子並不在空間內展延（尺寸為零），那麼就算為數無窮，它們也沒辦法構成有限尺寸的物質。這種兩難困境，為後來的希臘思想家帶來克服不了的問題，也導致原子模型陷入低迷，歷經兩千年都無法翻身。

物與非物

談到這裡，原子論和阿那克薩哥拉的模型看來仍非常相似，不過他讓所有物質都飄在風中或以太（aether）裡面（見第22頁），以太指的是一種有形的物質，而原子論者則認為，物質粒子存在於虛空當中。德謨克利特（或留基伯）是最早提出虛空假設的人，不過倘若物質要移動，顯然就得有虛空才行：倘若宇宙擠滿了物質，那麼每個細微空間，已經有東西佔著，根本不可能有其他東西可以挪進來佔用。某件事物移動時，不單是轉移進入虛無空間或只把其他東西推進虛無空間，它還在後方留下了虛無空

均質原料

阿那克薩哥拉以及後來的希臘思想家，都論述均一質地（同質）原料和非均一質地原料之分際。均一質地原料指稱所含部分全都與整體相似。所以一塊黃金是均一質地的，因為不論從黃金取下多小一塊、它依然具備與大塊黃金相同的原質。一棵樹或一艘船並不是均一質地的，因為它們都可以拆解成各具不同特性的組成部分。就現代人看來，均質原料指稱元素和純化合物。

亞里斯多德

亞里斯多德是御醫之子，生於馬其頓的斯塔基拉（Stageira）。他早年父母雙亡，約十八歲時，亞里斯多德奉守德爾菲神廟（Delphic oracle）給他的建言，搬到雅典，進入柏拉圖的學園並成為他的弟子。他成為柏拉圖最優秀的弟子，到最後他的聲望，更凌駕其他所有弟子之上。西元前 342 年，亞里斯多德搬回馬其頓，當上了馬其頓國王腓力二世（Philip II）之子亞歷山大（Alexander）的家庭教師。這位弟子後來成為亞歷山大大帝。亞里斯多德回顧檢視希臘所有早期思想家的作品，採擷他認同的觀點並予擴充，最後建構出他自己的看法。他針對幾乎所有課題為文論述，包括物理學。他的教誨由阿拉伯學者保存了下來，到了十二和十三世紀，才翻成拉丁譯本並在歐洲重現生機。亞里斯多德的科學支配西方科學直至十八世紀為止。

間。早期思想家排斥有虛空（「無物」）之說，德謨克利特仰賴我們的感官得出的證據——我們知道事物會移動——確立了虛空是有憑有據的概念。此外我們也看得出，宇宙是以許多事物共組而成（宇宙具複數性），倘若沒有虛無空間，那麼所有物質都應該是連續的。複數性和改變都必須有虛空才行。

原子物質和元素物質

在現代人心目中，原子和元素都是同一個宇宙模型的環節。元素是純粹的化學物質，各以相同的原子組成，所以所有黃金全都是金原子，所有氫氣也全都是氫原子。另一方面，化合物則含有兩種或多種元素的原子，所以，舉例來說，二氧化碳便是以碳和氧共組而成。然而就古代物質理論而言，原子和元素則分屬不同模型。

四元素或五元素

恩培多克勒（Empedocles, c.490-430BCE）論述萬物的組成含四「根」：土、風、水和火。這個模型經西方史上最偉大，也最富影響力的思想家，亞里斯多德動手修訂，倡言擁護。

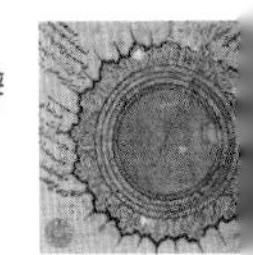

柏拉圖把四根改名稱為「元素」，亞里斯多德沿用這個稱法。各元素分別以兩種先天對立的原質來描繪──冷熱和乾濕。所以土是冷的、乾的，水是冷的、濕的，風是熱的、濕的，而火則是熱的、乾的。這些原質也構成健康和疾病的模型之本，而這個模型則是希波克拉底（Hippocrates, c. 460-377BCE）或他的學派所提四體液的基礎。體液說延續至十九世紀方才式微。

色澤鮮豔的金屬銅只以銅原子組成。硫酸銅化合物的藍色晶體，則是以銅、硫和氧原子共同組成。

根據元素理論，所有物質都佔有一處與該元素連帶有關的天然領域，物質受吸引朝向該天然領域移動。土佔有最低位置，火居最高位，而水和風則是介於二者之間。這也就解釋了物理世界的某些運動類型：重物之所以墜地是由於土是它們的主要元素；煙的成分是佔據高位領域的火和風，所以向上飄升。元素一旦進入了它的天然位置，除非有其他因素推動，否則它是不會移動的。

十二世紀手稿的四元素象徵圖示。

四元素之外還有一種非常不同的第五元素（quintessence），稱為以太。數千年來，「以太」概念歷經盛衰，不過始終沒有完全消失（見第 22 頁）。儘管德謨克利特的原子論模型還遠更為接近今天所知事實真相，真正最孚眾望的，卻是恩培多克勒、柏拉圖和亞里斯多德偏愛的觀點：世界是以四元素所構成。到了中世紀早期，阿拉伯思想家重振、開發古典希臘思想，當時他們便是弘揚這種元素模型。這理念被翻譯成拉丁文，接著又輾轉翻成其他歐洲語言；這個模型成為物質本質相關思想的礎石，延續超過兩千年。

變變變

巴門尼德完全沒辦法解釋萬物為什麼

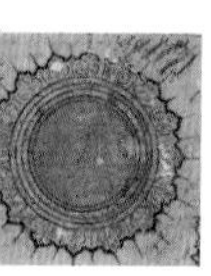

改變，原子論者說明，是因為有虛空，所以物質會改變，而亞里斯多德則認為，所有改變都是狀態的變換。這就牽涉到相等的「變成」和「未變成」——同樣屬於一種質量守恆觀點。所以一塊石頭或青銅要成為雕像，首先必須不再是一塊東西，才能成為一尊雕像。要成為大人，小孩就必須不再是個兒童。每種可變化的東西，已經具備變成其他東西的潛能，改變就是落實那種潛能。這時那件東西就失去了變化的潛能性，而且具有了「現實性」（actuality）。

印度的原子論

提出原子論的思想家不全是希臘人，印度也有哲學家指稱，物質或由纖小粒子組成。目前並不清楚，最早提出此說的是希臘人或印度人，還有他們是否獨立發展出這種信念，或是某方傳統思想影響了另一方。印度哲學家卡納大（Kanada，本名迦葉波〔Kashyapa〕）生存年代大概在西元前六世紀或前二世紀（歷史學家得不出共識）。倘若那個較早時期是正確的，則卡納大的原子論便早於希臘傳統思想，說不定還曾影響到它。

卡納大的原子理論為元素論增補遺缺，他提出了五類不同原子，分與五元素對應，構成印度的物質模型——火、水、土、風，和以太，正符亞里斯多德模型所述。原子（parmanu）彼此相吸群集。雙原子粒子（dwinuka）具有各成分所屬原質；接著它們還會群集為三

以太：一種無從偵測的介質兩千五百年的沿革

以太概念最早出現於古希臘思想，並以第五元素相稱。這是種天國的元素，塵世物質完全不含這種成分。當時認為這是諸神的天然領域，而且是不變的、永恆的。據信以太只做圓周運動，因為圓是完美的形狀。他們還認為，天上存有星體，是由於以太的密度差異所致。法國偉大哲學家暨數學家勒內．笛卡兒（René Descartes, 1596-1650）認為，以太把所受壓力傳到眼中，於是才造就視覺。以太概念在十九世紀復甦，當時蘇格蘭科學家詹姆斯．馬克士威（James Clerk Maxwell, 1831-79）動用以太來解釋光與其他電磁輻射的傳播。

西元 1892 至 1906 年間，荷蘭物理學家亨德里克．洛倫茲（Hendrik Lorentz, 1853-1928）曾經發展出一項理論來描述一種抽象的電磁介質，然而等愛因斯坦在 1905 年發表他的狹義相對論之後，他也就把以太整個刪除了。

更晚近有好幾位宇宙學家，再次提出宇宙遍佈某種以太之說，並認為這與暗物質或有連帶關係。

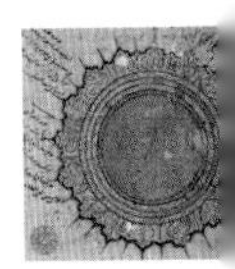

卡納大（迦葉波）

印度哲學家卡納大生於印度古吉拉特邦。按照傳統習俗，他起初經命名為迦葉波，成長至童年又經賢人牟尼．蘇摩夏爾馬（Muni Somasharma）命名為卡納大，源出「卡納」（Kana）一詞，意指穀子，因為他對微小的事物十分沉迷。他的主要研究領域是一門鍊金術（見第 26 頁）。他提出了一項物質的原子論，據稱那是在他邊走邊吃東西，邊扔掉小片食物時想出來的。相傳他體認到，他沒辦法把食物不斷細分成愈來愈小的碎片，因為分到最後，它的成分肯定就是不能分割的原子。

原子聚簇，這類事物據信就是物質的最小可見要素。物質的種種不同原質，都能以五類原子的互異組合與比例來解釋。根據勝論學派（Vaisesika，亦拼為 Vaisheshika）發展出的卡納大版原子論，原子可具二十四種可能的原質組合。物質的化學和物理改變，都發生在原子重組之時。卡納大的原子論有一點與希臘哲學家不同，他認為原子可以瞬間生成，剎那湮滅，卻不能以理或化學方法摧毀。

「耆那派原子論」可以追溯至西元前一世紀或更早。依該論所見，整個世界除了靈魂之外，全都是以原子組成，各個原子都有一種味道、一種氣味、一種顏色和兩種觸覺特性。耆那派的原子會不斷移動，一般採直線行進，不過若是受到其他原子的吸引，它們也可以遵循彎曲路徑。另外還有一種極化電荷的概念，描述粒子具有平滑的或粗糙的特性，因而得以束縛在一起。原子可以結合生成六「蘊」（aggregate）之一，蘊即積增聚合，六蘊為：土、水、影、入、業力物和不適物。有些複雜理論著眼闡述原子如何起作用、反應以及結合。

安薩里是個艾什爾里派穆斯林。這個教派認為，除非神示天啟，否則人類理性不可能確立物理世界的真理。

伊斯蘭原子論

不論印度或希臘理論孰先孰後，到頭來雙方都是由早期伊斯蘭學者統合在一起。古希臘學識在東羅馬帝國（拜占庭帝國）存續下來，隨後由早期阿拉伯學者復興、翻譯並提出評述。伊斯蘭原子論有兩類主要型式，一類接近印度理念，另一類則與亞里斯多德派思想雷同。最成功的理論是艾什爾里派（Asharite）人士安薩里（al-Ghazali, 1058-1111）的作品。在安薩里看來，原子是唯一不朽的物料；其他一切都只存續片刻，並聲稱那些都是「偶然的」。偶然的事物不可能是任何事物的起因，唯有知覺是個例外。

幾年過後，生於西班牙的伊斯蘭哲學家伊本・魯世德（Ibn Rushd, 1126-98，拉丁名：阿威羅伊〔Averroes〕）厭棄安薩里的模型，對亞里斯多德學說則多所評述。阿威羅伊對晚期中世紀思想影響甚深，助使亞里斯多德學說被吸收納入基督教與猶太教學術體系。

中世紀早期，大量阿拉伯著述經翻譯為拉丁文，也把古典希臘思想引入西歐。就亞里斯多德的教誨方面，天主教會採擷了不與聖經或基督教權威思想家相牴觸的部分。他們採行這條路徑，建立了歐洲當代採信的科學與哲學模型的根本基礎，最後到了文藝復興時期，歐洲思想家才終於開始挑戰、檢核古代思想家的教誨。

從原子到微粒

十三世紀有一位號稱「冒牌賈比爾」（Pseudo-Geber）的匿名鍊金術士提出一項物質理論，他的論據基礎是一種纖小的粒子，他稱之為「微粒」（corpuscles）。為什麼有冒牌賈比爾這個怪名字？因為他在著作上署名Geber，這是第八世紀伊斯蘭鍊金術士賈比爾・伊本・哈揚（Jabir ibn Hayyan）名字的拉丁化拼法，然而他的文本，其實並不是賈比爾作品的譯本。冒牌賈比爾指稱，一切有形的物質都具有內、外層微粒。他認為，所有金屬都是以不同比例的汞和硫所構成。他秉持這項信念來支持鍊金術（見第 26 頁邊欄），因為這也就表示，所有金屬都含有變成黃金的必要成分——只是仍須予以妥善精煉或重組才行。

另有個觀點與冒牌賈比爾所見略同，見於奧特庫爾的尼古拉（Nicholas of Autrecourt, c.1298-1369）的著述。奧特庫爾投入在當代歐洲學術中心巴

哲人辯論想像圖，分別為亞里斯多德派的阿威羅伊（左）和新柏拉圖派哲學家波菲利（Porphyry），波菲利死於阿威羅伊出生前八百年。

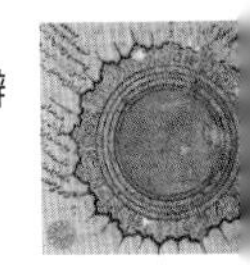

黎燃起的激烈論戰，爭辯連續體之可分割性或不可分割性相關課題。這道問題源出亞里斯多德所提「連續體不能以不可分割粒子構成」說法。他認為，所有物質、空間和時間，全都是以原子、點和瞬間所構成，而所有改變則全都是原子重組所致結果。奧特庫爾的種種觀點都冒犯了教會，他在1340-46年被告上法庭受審，必須撤銷前論。在他看來，所有運動都是該移動物體的先天本性（因為運動可以還原為粒子的運動）。他認為時間就如物質也呈顆粒狀，並是以分離的瞬間構成，這項觀點並不為後代思想家所認可。

早期原子論有個變異版本在十七世紀流行起來，並獲得愛爾蘭化學家波義耳、法國哲學家皮埃爾·伽桑狄（Pierre Gassendi, 1592-1655）以及牛頓等人的支持。這套學理稱為「微粒論」（corpuscularianism），它與原子論不同的地方是，微粒並非得是不可分割的。沒錯，擁戴鍊金術人士（包括牛頓）便使用微粒的可分割性，來解釋汞是如何自行滲入其他金屬的粒子間隙，為化為黃金的遷變作用埋下伏筆。小體論者認為，我們對周遭世界的知覺和經驗，都出自於我們感官上物質微小粒子的作用所生結果。

皮埃爾·伽桑狄倡議擁護微粒論。

從微粒回到原子

伽桑狄提出一項懷疑論世界觀之前，原子論還不算真正復興，依他所提的觀點，世上所有事項都肇因於纖小粒子依循自然律運動、互動所致。伽桑狄把有思想的生物排除在他的架構之外，他在1649年發表的理論精確得令人詫異。他認為，物質的原質產生自原子的形狀，還說原子結合構成分子，而且原子是存在於遼闊虛空之間——因此物質其實大半是非物質。伽桑狄的洞見並沒有發揮應有的影響力，因為影響遠更為深遠的笛卡兒直截了當反對此見，斷然否認有所謂的虛空。然而伽桑狄和笛卡兒就一件事項是一致的：兩人都認為，世界基本上是機械式，而且依循自然律。

伽桑狄死後數年，波義耳又一次讓原子論嶄露頭角。他在1661年發表《懷疑派化學家》（*The Sceptical Chymist*），書中論述宇宙完全由恆動的原子和原子聚簇所構成。波義耳指稱，所有現象都是原子運動互撞所致結果，並號召化學家鑽研元素，因為他猜想元素不只亞里斯多德所確認的那四種。

理性的時代

理性的時代一詞，通常用來指稱從約1600年開始的一段時期，在那時候，

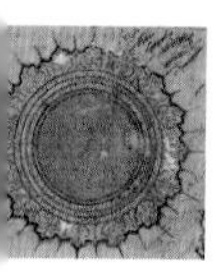

西歐和美洲新殖民地的哲學基調，對人類進取都充滿信心。這個時代延續文藝復興時期開始盛行的樂觀態度與成就果實，而且對人類的觀點，也在這個時期完成一次轉型，從主宰中世紀思潮，把人類視為瑕疵罪人的詆毀或謙卑看法，轉變成頌揚人類成就和潛力之見解。理性的時代既驅動了科學、技術、哲學、政治思想和藝術的發展，同時也受了這些學問的驅動向前邁步。

那個時期的哲學有時區隔成兩個陣營，理性主義派和經驗主義派。理性主義派認為理性是通往知識的途徑，實驗主義派則偏好觀察我們周遭的世界。這大致依循了古代思想的柏拉圖（理性主義派）和亞里斯多德（經驗主義派）兩分法。經驗觀直接導向科學實驗和觀測，而理性觀則偏好數學和哲學門路。然而兩者間並無明確的劃分，因為理性推論得出的結論，往往經得起經驗派的檢驗。兩派門路共同為科學革命奠定根基。科學方法是理性時代的一項勝利果實，其發展徹底改變了科學發現的進程。

固態物理學的誕生

一旦接受了構成物質的成分都是纖小的粒子，不論我們稱之為原子或微粒，接著就會引來一些明顯的問題，好比粒

鍊金術

鍊金術的哲學和科學努力目標當中，最為人熟知的是期望經由遷變作用，把賤金屬轉變為黃金，並製造出不老仙丹。寓言所述賢者之石，一般認為那就是不老仙丹或遷變歷程的一種必要成分，也可能兩者皆是。鍊金術見於古埃及、美索不達米亞、古希臘、中國和伊斯蘭中東地帶，產生出形形色色的實踐做法，此外中世紀與文藝復興時期的歐洲也見盛行。鍊金術是現代化學和藥理學的背後根基，中國鍊金術更以煉丹為一項主要活動。遷變作用一般從鉛入手嘗試，不過也可能動用其他賤金屬。

鍊金術士在實驗室處理蒸餾作業。

不消說，鍊金術士採用的做法，沒有一項是靈驗的。

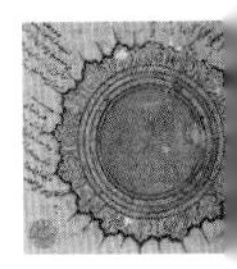

空無的威力

德國科學家奧托・馮・格里克（Otto von Guericke, 1602-86）發明了，或發現了，空無。這是真的。他證明真空確實有可能存在，而先前科學界都不承認有真空。他用風箱做實驗，開發出一款氣泵，並於 1654 年在皇帝斐迪南三世（Emperor Ferdinand III）御前做了一場精彩演示。他造了兩個金屬半球，合併成一個球體，抽出球內空氣。接著他示範，就算動用了兩匹馬，也拉不開兩半球，從而驗證了真空的威力——或其實是大氣壓力的威力。

波義耳的 1689 年肖像，當時他的健康情形已經惡化，兩年後就死亡。

子具有哪種形狀？它們如何結合在一起並構成連續的物質？不同種物質如何反應、互動？物理變化（熔化、凝固、昇華）和粒子模型有什麼關連？十七世紀的物理學家從物質的原質和行為，推導出物質結構的種種模型——這有時會促使他們做出相當怪誕的推論。笛卡兒看了熟鐵製程之後，總結認為鐵粒子因故結合構成顆粒（grain），而且顆粒內凝聚力比顆粒間凝聚力更強。然而他並沒有指出，熟鐵所含「顆粒」形成一種晶

「〔羅伯特・波義耳〕非常高大（約一百八十公分），而且他很率直，非常溫和，又很高尚、簡樸：他是個單身漢，雇一位家庭教師，和他的姊姊拉尼拉夫人（Lady Ranelagh）同住。他的最大喜好是化學。他在姊姊家中設了一間宏偉的實驗室，還有好幾位僕人（他的學徒）負責照料。他對富有巧思但身陷貧困的人總是寬厚以待，好些外國化學家也提出了大量證言，來彰顯他的慷慨，因為他見了罕見奧祕，總是不惜成本取得。他自掏腰包付費翻譯、印行阿拉伯文版《新約聖經》，送往伊斯蘭國家。他不只在英格蘭名望很高，在國外也享有盛名；而當外國人來到這裡，也總希望把拜訪他排進他們的行程。」

約翰・奧布里，《名人小傳》

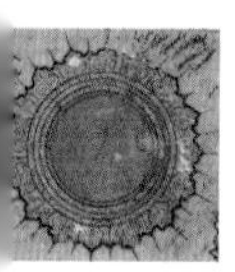

「所以大自然中具有能以非常強勁引力來把物體粒子彼此束縛在一起的因素。而實驗哲學家的工作，就是要把它們找出來。現在最小的物質粒子，有可能藉由最強的引力來凝聚，組成尺寸較大，效能較弱的粒子，而許多這種粒子便得以凝聚組成尺寸更大，而效能還更弱的粒子，於是就這樣接續劃分，直到進程終止並形成了化學操作與自然物體外貌所賴以成形的最大型粒子，接著再經由凝聚，組成可被感知的物體。倘若該物體很緻密，受壓時會彎折或者向內凹陷，而且其組成部分並不滑動，則物體就會很堅硬並具有彈性，能靠本身組成部分的相互吸引的力量來恢復其外形。倘若各部分彼此滑動，該物體便具有展延性或者很柔軟。倘若各部分都很容易滑動，而且其尺寸受熱就會擾動，並且熱度足以使該物體保持擾動狀態，則該物體就是流體……」

牛頓的《光學》（*Opticks*），1718 年於倫敦發行之第二版筆記內容

體結構。理論上，顯微鏡應該有辦法看出這種結構，不過這種儀器是直到十七世紀後半期才普及使用；即便到了那時，顯微鏡多半仍只投入進行生物研究。當然了，當時沒有顯微鏡能顯現出原子或分子的形狀。

笛卡兒派物理學家雅克．羅奧（Jacques Rohault, 1618-72）在 1671 年指稱，可塑形的（或柔韌的）材料具有組織複雜糾結的粒子，而脆性材料則具有組織簡單而且只在少數定點相觸的粒子。1722 年，法國思想家勒內．瑞歐莫（René Antoine Ferchault de Réaumur, 1683-1757）判定，以往的看法錯了，鋼並不是純化的鐵，而是增添了「硫和鹽」的鐵，而且在鐵粒子之間，也夾雜了這

些原料的粒子。

當時的物理學家，除了靠想像力之外就沒有其他方法，於是他

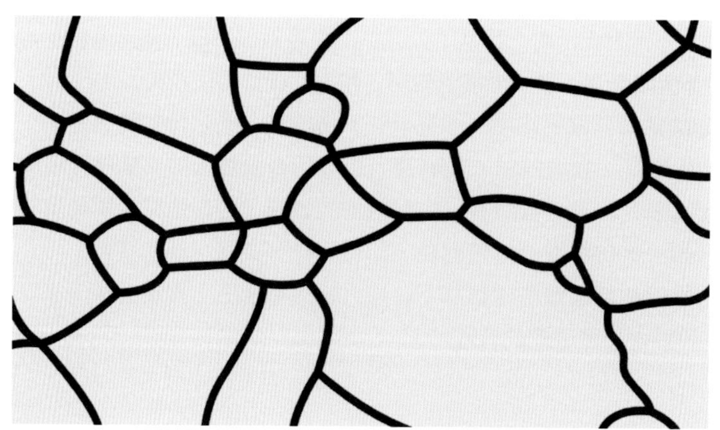

鋼的微細構造：十七世紀科學家並沒有使用顯微鏡來觀看金屬。

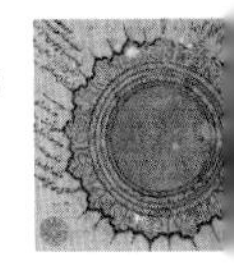

們提出了一些稀奇古怪的點子，推想粒子的外形。尼古拉斯．哈特蘇克（Nicolaas Hartsoeker, 1656-1725）在 1696 年宣稱空氣的組成成分是以線狀環圈所構成的空心球體，而氯化汞則是汞上黏附針狀或葉片狀鹽類或礬類棘刺的球體，還有鐵則具有帶齒粒子，溫度降低時能互鎖變硬。他論稱，鐵受熱時能展延，這是由於粒子充分分離，能彼此滑動所致。設想出物質結構是一場遊戲，哈特蘇克鼓勵他的讀者加入：「我不希望剝奪讀者依循前面所制定原理，親身投入搜尋的樂趣。」

笛卡兒生活時代的鐵熔煉作業圖像。

原子和元素

當初波義耳鼓勵化學家投入尋找土、水、風和火之外的其他元素是正確的舉動，不過還要再過一段時間，才會有人擬出一張化學元素表。拉瓦節在 1789 年做出第一項現代化學成果，隨後把它納入一張列表，總計得三十三種元素——不能進一步分解的物質。不幸的是，拉瓦節的列表還包括光和「熱質」（caloric），他認為這是種流體，其運動能造成熱的流失或增添（見第 89 頁）。拉瓦節不認為他的元素列表詳盡無缺，敞開大門留待進一步探究與後續發

「世上的靈魂！受汝感動，
封裝的物質種子都同意，
爾等讓零散的原子結合，
而原子依循真實比例定律結合後，
種種不同部分構成了完美的和諧。」

尼古拉斯．布雷迪（Nicholas Brady）
〈聖則濟利亞頌〉（Ode to St Cecilia）
約 1691 年

安東萬・洛朗・德・拉瓦節
（Antoine-Laurent De Lavoisier, 1743-94）

法國大革命之後，拉瓦節的稱號便縮減為安東萬・拉瓦節，因為帶了貴族氣息的花俏名字，到那時已經變成一種包袱。拉瓦節出身富裕律師家庭，本身原本也接受了法律訓練。不過他改行從事科學，首先研讀地質學，後來對化學的興趣卻日益濃厚。他擁有自己的實驗室，那所實驗室和他的住宅，很快就成為吸引自由思想家和科學家的磁石。

拉瓦節號稱現代化學之父。他的成就相當可觀，而且著述種類繁多。除了列出元素之外，他還確認了氧在燃燒和呼吸作用所扮演的角色，而且看出兩種作用都涉及類似反應。這顛覆了很受歡迎的古代燃素學說（燃素指稱物質燃燒時會釋出的假想物質，見第 86 頁）。

拉瓦節在政治上偏向自由派，支持促成法國大革命的種種理念。他隸屬一個提議經濟改革，改善巴黎監獄和醫院悲慘處境的委員會，然而到頭來，這依然救不了他的命。他在恐怖統治時期於 1794 年被送上斷頭台。據說他要求延緩行刑，讓他完成他的實驗，得到的回覆卻是：「共和政體不需要科學家。」相傳他要一位助理計算他的頭被砍下之後，眼睛還繼續眨了幾下，儘管這則故事流傳很廣，卻恐怕是杜撰的。

拉瓦節，第一位真正的化學家。

現。他也沒有把元素列表安排成週期表——這項工作就留待俄羅斯化學家德米特里・門得列夫（Dmitri Mendeleev, 1834-1907）到 1869 年才來完成。週期表之所以成為物理學史上的重要課題，理由在於，根據所具性質來安排元素，揭示了原子序的重要意義，以及它和原子價的關連性——也披露了元素如何束縛在一起。

身為經驗論者，拉瓦節論稱他做研究時曾「試行……把事實聯繫在一起以求得出真相；並盡可能抑制推理的使用，因為推理一般都是種不可靠的手段，會矇蔽欺騙我們，不做推理，我們才能盡可能跟隨觀察和實驗的火炬前行。」拉瓦節還做出另一項貢獻，而且後來還證明，就從原子層級來認識化學反應而言，那項成果具有何等重要的意義，那就是他的質量守恆律——確認質量永遠不會在化學反應歷程流失或增添。不過儘管拉瓦節擬出了一張元素列

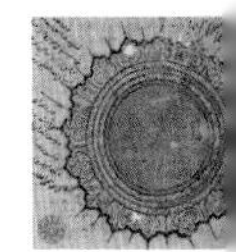

表，他其實並不相信原子，還認為從哲學角度來看，那是不可能成立的。

一切都依比例

判定原子存在是個正確起點，不過要想以原子建構出連續的物質，而且不只產出拉瓦節所確認的元素種類，我們就需要以某種做法來把原子結合在一起。原子究竟是如何群聚成團，這是難倒早期原子論者的謎題。牛頓曾為文論述把原子束縛在一起的「自然因素」（Agents in Nature）。

鑽研原子如何結合的第一步，是判定凝聚在化合物中的原子的種類比例。法國化學家約瑟夫．普魯斯特（Joseph Proust, 1754-1826）依據他在 1798 年和 1804 年之間，擔任馬德里皇家實驗室（Royal Laboratory in Madrid）主管期間動手執行的實驗，演繹推出「定比定律」（law of definite proportion）。他的定律說明，任意化合物的組成元素質量，始終存有相同的非負整數比例關係。

馮．格里克進行一項實驗來演示真空作用。

「要割斷那顆頭只需片刻，要產生出另一顆像那樣的頭，恐怕一個世紀都不夠。」

數學家暨天文學家
約瑟夫—路易．拉格朗日
（Joseph-Louis Lagrange）
談拉瓦節的死刑，1794 年

拉瓦節在巴黎被送上斷頭台前短短幾年，英國化學家約翰．道爾頓（John Dalton, 1766-1844）進一步發展這項理念，為現代原子論奠定了基礎。他從 1803 年開始進行一項研究，並於 1808 年發表，呈現五項原子觀測成果：

- 所有元素都以原子構成。
- 任意給定元素所含原子全都一模一樣。
- 一種元素的原子，和所有其他元素的原子都不相同，而且可以由它們的原子量來區別。
- 原子不能以化學處理程序生成、摧毀或分割。
- 一種元素的原子，能夠與另一種元素的原子結合製成一種化合物；任意給定化合物所含各元素比例始終相同。

道爾頓發展出「倍比定律」（law of multiple proportions）。他不單看兩元素形成的單一化合物，還檢視能以不止一種方式結合的種種元素。他發現，相

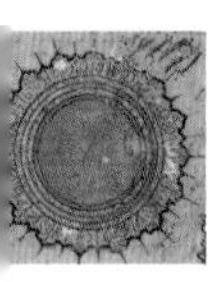

對比例永遠呈非負小整數比。舉例來說，碳和氧能形成一氧化碳（CO）或二氧化碳（CO_2）。依兩相結合的氧和碳的重量來計算，一氧化碳的比例為 12:16，而二氧化碳的比例則為 12:32。所以一氧化碳的氧含量和二氧化碳的氧含量之比便為 1:2。

從元素以哪種質量比率結合，我們就得以算出相對原子質量。道爾頓根據化合物所含各元素質量來計算原子質量，並以氫為基本單位（1）。然而他錯誤假設簡單的化合物總是依 1:1 比率構成——所以他認為水是 HO 而非 H_2O ——於是他的原子序數表便出了好些錯誤。道爾頓也不知道有些元素呈雙原子分子形式（也就是成對出現，好比 O_2）。這些根本錯誤都在 1811 年修正過來，當時義大利化學家阿密迪歐・亞佛加厥（Amedeo Avogadro, 1776-1856）領悟到，當溫度和壓力相等，固定容積的任何氣體，都含有相等數量的分子（參照亞佛加厥常數，$6.0221415 \times 10^{23} mol^{-1}$）。亞佛加厥循此計算出，當兩公升氫和一公升氧起反應，氣體便依 2:1 比率結合。如今亞佛加厥受尊稱為原子—分子論的創始人。

原子——是真是假？

儘管事後回顧，道爾頓的研究成果看來很令人信服，當時的科學家卻沒有懾服於他的解釋，而且物理學家依然分裂為兩個陣營——接受原子有可能存在的一邊，以及不接受的一邊。所幸當時有很實際的好理由來繼續檢視氣體。蒸汽引擎的發展，導致對熱力學的興趣與日俱增，從而促成對原子的性質和行為的研究考量。原子的行為可以在更大尺度上和熱氣體的舉止相提並論，因此也可以和十九世紀中期出現的熱力學定律參照印證。

有關物質是以微小粒子所組成的第一項可見證據，最早是在 1827 年由蘇格蘭植物學家羅伯特・布朗（Robert Brown, 1773-1858）率先發現——不過他並沒有即刻予以解釋。布朗使用顯微鏡來檢視水中的纖小花粉粒時，注意到它們都不斷移動，彷彿有某種無形的東西持續碰撞它們。他使用貯藏了一百年的花粉粒，結果發現它們也同樣出現這種運動，證實那種運動並不是由活花粉本身觸發的。布朗無法解釋他所見現象，所以如今所稱的布朗運動，歷經長久時期都鮮少引人關注。到了 1877 年，J・德紹爾克思（J. Desaulx）重溫那種現象，並指稱：「就我的想法，那種現象是（粒子之）液體環境中的熱分子運動造成的結果。」法國物理學家路易・古埃（Louis Georges Gouy, 1854-1926）在 1889 年發現，粒子愈小，運動愈明顯，這顯然與德紹爾克思的假設相符。奧地利地球科學家費利克斯・埃克斯納（Felix Maria Exner, 1876-1930）在 1900 年測

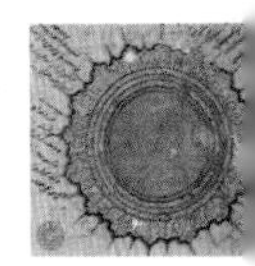

量了那種運動，並參照粒子大小和溫度來予以說明。這為愛因斯坦開闢一條坦途，促使他在 1905 年擬出一項數學模型來解釋布朗運動。愛因斯坦確信分子是那種運動的起因，並第一個算出分子尺寸估計值。到了 1908 年，法國物理學讓・佩蘭（Jean Perrin, 1870-1942）使用愛因斯坦的模型來測定水分子尺寸，驗證確認他這項理論。這是驗證分子存在的第一項實驗證據，佩蘭也因此獲頒 1926 年諾貝爾物理學獎。這下除非出了一位特別爭強好勝的科學家，否則沒辦法否認原子和分子確實存在了。

原子可以分割嗎？

如果我們採納德謨克利特的見解，認為原子是物質不可分割的最微小成分，那麼嚴格來講，原子並不是原子。早在愛因斯坦和佩蘭試行證明原子存在之時，較小的（次原子）粒子的證據已經開始出現。當英國物理學家約瑟夫・JJ・湯姆森（Joseph John "J.J." Thomson）在 1897 年發現電子之時，原子的不可分割性也即將面對挑戰。原子能享有「最根本粒子」頭銜的歲月已經不長了。不過在我們深入探究原子內部之前，首先我們要檢視一些在大家看來並不是以任何東西所構成的現象：光、力、場和能量。

原子：生死攸關

有關原子是否存在的爭議，綿延縱貫整個十九世紀，有些物理學家主張，原子只是種有用的數學建構，並不是現實的一部分。這項紛爭促使奧地利一位在情緒上和心理上都很脆弱，堅定擁護原子論的物理學家，路德維希・波茲曼（Ludwig Boltzmann, 1844-1906）投入尋求一種能兼容雙方觀點，徹底解決爭議的哲學體系。他借用了德國物理學家海因里希・赫茲（Heinrich Hertz, 1857-94）所提見識，論稱原子是「建材」（Bilder）或只是圖像。這就表示，原子論者可以認為原子是真的，反原子論者則可以認為那只是種類比或影像。兩邊都不滿意。波茲曼決定改行當哲學家，要找個法子來駁斥反原子論說詞。1904 年美國聖路易市（St Louis）一次物理學研討會上，波茲曼發現多數物理學家都隸屬反原子論陣營，而且他根本沒有獲邀參與物理學學門討論。到 1905 年，他開始和德國哲學家弗朗茲・布倫塔諾（Franz Brentano, 1838-1917）通信，期能論證說明哲學應該被排除於科學之外（英國宇宙學家霍金也在 2010 年附和重提這個觀點），結果卻讓他氣餒。絕大多數物理學家拒斥原子論，他的夢想幻滅，最後導致他在 1906 年上吊自殺。

路德維希・波茲曼。

第二章

讓光發揮作用——光學

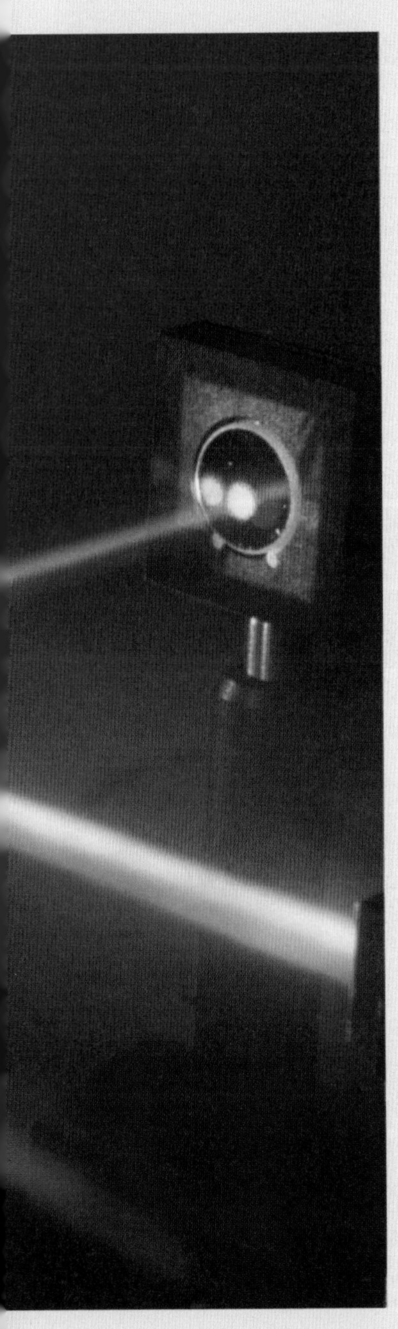

人類利用光已經歷時久遠，起初是陽光、月光、星光和火光，後來又加上燈光。光是我們生存不可或缺的要件，因此我們經常把光和宗教與迷信連結在一起，把它當成生命的恩賜或創生的力量。因此自有歷史記載以來，大半時期我們都賦予光很特殊的地位。多少世紀以來，民眾曾經認為光是個神、一種元素、一種粒子、一種波，最後則認為那是種波——粒子。由於光和視覺息息相關，光學研究總是同時納入光和視覺課題。科學家直到約一百年前，才開始體認到，可見光只是電磁輻射完整頻譜的一部分。

白光是以不同色彩的光共組而成，這項發現是光學研究的一項突破。

最早的光學研究

最早就光的本質提出的觀點，見於西元五世紀或六世紀時期的印度記載。數論派（Samkhya school）認為光是五微塵（五種基本的「微妙」元素）之一，同時五「大」（gross）元素也應運而生。勝論派（Vaisheshika school）採行一種原子論觀點來解釋世界，認為光是以高速運動的火原子流所組成——和現今的光子概念不謀而合。西元前一世紀印度經典《毗濕奴往世書》（*Vishnu Purana*）指稱陽光是「太陽的七輝線」。

古人分不出光和視覺的差別。西元前六世紀時，希臘哲學家畢達哥拉斯指稱，光線就像觸鬚從眼睛向外行進，光線碰觸物體，我們就看到它，這種模型稱為發射說（emission theory）或外射說（extramission theory）。柏拉圖也認為，眼睛發出的射線促成視覺，恩培多克勒（Empedocles）則在西元前五世紀

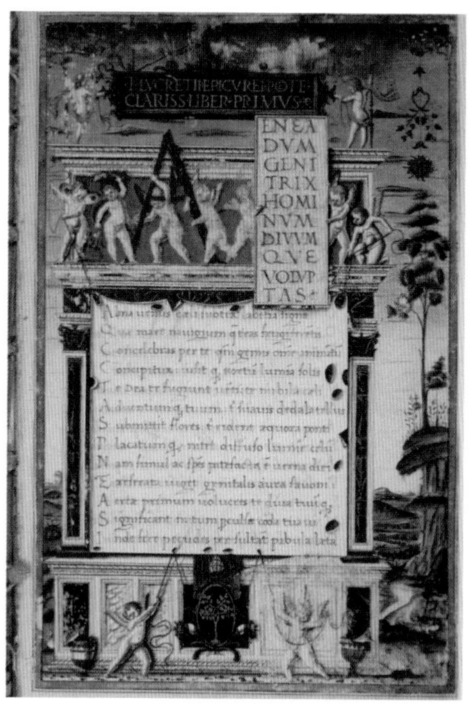
LVCRETII EPICVREI POETE CLARISS LIBER PRIMVS
AENEA DVM GENITRIX HOMINVM DIVVMQVE VOLVPTAS

盧克萊修（Lucretius）著《物性論》（*De rerum natura*）扉頁。

為文談起從眼中射出的火光。然而，這種把眼睛看成一種火炬的觀點，並不能解釋，為何我們在黑暗中視物並不像在日間那般清晰，所以恩培多克勒指稱，眼睛發出的射束，必須和另一個源頭，好比太陽或燈火，發出的光互動才行。

迄今留存的最早光學著述是希臘思想家歐幾里德（Euclid, 330-270BCE）的作品，他也採信發射模型。歐幾里德在數學方面名氣比較響亮，他著手研究幾何光學，並從數學視角為文著述。他論述物體尺寸和該物與眼睛相隔多遠的關係，並說明反射定律：由於入射角等

> 「太陽的光和熱；它們都由微小的原子組成，受推動時，便筆直朝推力授予的方向射過空氣間隙。」
>
> 盧克萊修，《物性論》*
>
> 西元 55 年

*譯註：《物性論》有不同英文譯本，書名分為 *On the Nature of the Universe* 和 *On the Nature of Things* 等。

於反射角，因此反射影像位於鏡後的距離，看來等於該物體位於鏡前的距離。約三百年後，另一位開創新局的希臘數學家，亞歷山大的希羅（Hero of Alexandria, c.10-70）證明在相同介質中傳播的光，始終依循最短可能路徑前行。舉例來說，倘若光是在空氣中傳播並接受觀測，這束光就完全不會偏轉。他察覺，以平坦鏡面反射光，並不影響這項原理，並再次證明入射角和反射是相等的。

玩弄光

隨著古典希臘的歐洲文化中心地位衰頹，求知進取也大半跟著衰頹，連同當時才蓬勃發展的物理科學也包括在內。少數殘存的希臘思想家向東遷移。最早的光學相關實驗由希臘天文學家克勞狄烏斯．托勒密（Claudius Ptolemy, c.90-168）完成，當時他是在羅馬帝國埃及省的亞歷山大圖書館工作。他發現，進入比較緻密的介質（好比從空氣進入水中）時，光會朝著與界面正交的角度偏折。他解釋這種現象，指稱這是光進入較緻密介質時會減速所致。

儘管托勒密接受視覺的發射模型，他仍歸結認為，眼睛發出的射線，

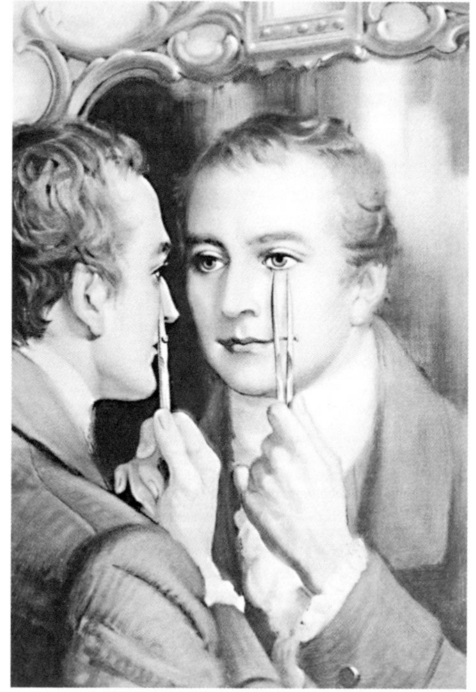

入射角等於反射角，因此湯瑪斯．楊（Thomas Young）的反射映像在鏡後的距離，看來就等於他在鏡前的距離。

舉止和朝眼睛行進的光線是相同的，於是他終於把視覺的理論和光的理論結合在一起。往後又過了許多世紀，大家才終於採信，視覺完全就是光線落於眼上所產生的結果，而且眼睛完全不會「伸出並攫取」周遭世界的影像。這個重要之極的一步，由阿拉伯學者海什木在約 1025 年開創，歐洲人稱海什木為阿爾海桑（Alhazen），他的作品經

希臘數學家歐幾里德。

翻譯為拉丁文，書名《視覺學》（*De aspectibus*），對中世紀歐洲發揮了深遠影響。海什木承續最早投入光學研究的阿拉伯科學家，肯迪（al-Kindi, c. 800-70）的研究，並逐步累積成果。肯迪指稱：「世上一切事物……朝一切方向發出射線，充滿整個世界。」海什木斷言，射線把外界發出的光和色彩傳遞給眼睛。他描述眼睛的構造，說明晶狀體如何發揮作用，製作拋物線鏡，並為光的折射作用訂定數值。海什木還說，光速必定是有限的，不過後來是另一位阿拉伯科學家阿布·拉伊汗·比魯尼（Abu Rayhan al–Biruni, 973-1048）率先發現，光速比聲速高得多。

海什木的成果由庫特卜·丁·謝拉茲（Qutb al-Din al-Shirazi, 1236-1311）和他的弟子卡馬爾·丁·法里西（Kamal al-Din al-Farisi, 1267-1319）進一步擴展，解釋了彩虹是太陽白光色散分成頻譜色彩成分所致。約略就在這時，德國教授弗萊貝格的狄奧多里克（Theodoric of Freiburg, 1250-1310) 使用一個球形燒瓶裝水驗證了彩虹的生成方式：陽光從空氣射過水分微滴時會發生折射，接著在微滴內產生反射，然後從水射回空氣時，又一次折射。他正確訂出彩虹（從中心到暈圈）的角度為 42 度。即便如此，他依然想不出霓的起因。後來是笛卡兒在三百年後才發現，光在微滴裡面時會產生第二次反射，從而生成霓，也導致色彩順序顛倒。

由於折射作用，局部浸於水中且部分在空氣裡的物體，看來就像在兩種介質的分界面分離或彎折。

神的光

阿拉伯科學家的著述經翻譯為拉丁文，這大體都是在（阿拉伯人控制下的）摩爾統治期西班牙進行，接著很快傳遍歐洲。光學研究成果經早期一些

伊本·海什木。

歐洲科學家習得，當中包括英格蘭人理查・格羅斯泰斯特（Robert Grosseteste, c.1175-1253），接著稍晚期則有英格蘭學者羅傑・培根（Roger Bacon, c.1214-1294）。格羅斯泰斯特做研究的時代，對柏拉圖的高度依賴現象已經退燒，從阿拉伯傳統復興的亞里斯多德學說則逐漸取而代之。他取法亞里斯多德、阿威羅伊和阿維森納，建構出他的光學研究成果。身為主教，格羅斯泰斯特以〈創世紀〉1:3「要有光」經文所述神創造光的事跡為起點。依他所見，創世歷程是種物理歷程，由同心光球的擴張和收縮

彩虹是光線照入水分微滴，經折射和反射所生成。

伊本・海什木（Ibn al-Haytham, 965-1040）；也稱為阿爾海桑

海什木生於當時隸屬波斯帝國的巴斯拉（Basra），神學教育出身，曾嘗試消除伊斯蘭遜尼派和什葉派的歧見，但努力不成，隨後他轉而投入數學和光學研究。海什木曾被當成瘋子，在開羅軟禁十年，他的光學成果，大半就在這段期間完成。看來他是好大喜功，聲稱有辦法以他的工程計畫來遏止尼羅河水氾濫，吹牛惹禍，才裝瘋賣傻。海什木假設光在空氣中傳導時並不彎折，他為測試假設，製造出了已知的第一台暗箱——拿一個箱子，一端鑽了個孔來引入光線，並在對側表面形成一幅影像，接著就可以把圖像描繪在紙上。他堅信必須使用實驗來檢定他的理論。身為嚴謹的實驗物理學家，他有時獲稱譽為科學方法的發明人。

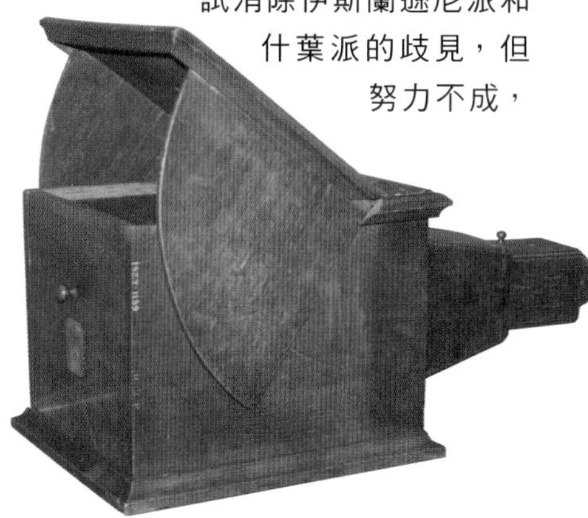

針孔照相機，也稱為暗箱。

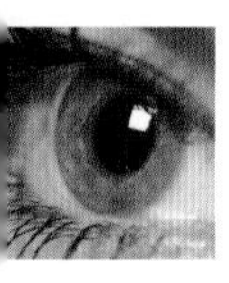

作用驅動促成。他論稱，光能無止境自我滋生，從單點光源增長生成光球。他的研究比較偏向形上學，較不屬於物理範疇。格羅斯泰斯特提出了一種具有高度原創性的論述，首先他認為光是「第一形式」（first form），並以光的作用為本，來假設出一種創世做法。有關格羅斯泰斯特的原創性，還有個光學之外的另一則有趣明證，在西方思想家當中，他似乎是最早指稱有「多重無窮」的第一人：「……所有數之和，含奇與偶，得數為無窮大，故大於所有偶數之和，即便這仍為無窮大；因為該數較大，且兩數之差為所有奇數之和。」

「真理追求者並不是指研讀古代著述，聽憑他的先天本性，對古籍信任不疑的人，而是研讀時抱持保留心態，對於他從古籍累積的知識存疑，並服膺爭辯結果和論證示範的人。」

海什木

培根從牛津大學轉到巴黎大學，在1247和1267年間熟讀了希臘和伊斯蘭的重要光學文獻，並完成他自己的著述：《光學》（*Optics*）。後來他啟動一項研究計畫，內容涵括當年在大學沒有教授的幾個科學學門，還有一項以他的光

亞里斯多德，得寵與失寵

亞里斯多德的著作經阿拉伯學者保存並翻成拉丁文譯本，於是歐洲才得以重新發現他的成果，然而在羅馬天主教會影響下，並沒有馬上流傳開來。亞里斯多德的《論自然哲學》（*Libri naturales*）在1210年遭巴黎大學非難，接著在1215年和1231年又遭譴責，這就表示這些書籍都不得用來教學。約到了1230年，亞里斯多德的作品，全都有了拉丁文譯本，於是巴黎教職員放棄戰鬥，接著到了1255年，亞里斯多德重回課程大綱，成為必讀文獻。培根就在那時任教於巴黎大學，成為最早見識令巴黎學者悠游亞里斯多德遊樂場所影響的人士之一。

亞里斯多德《物理學》拉丁文譯本的中世紀手稿副本。

學研究成果為本的實驗科學模型。他指稱，語言學和科學知識，可以推動並支持神學研究，其用意或許是為了安撫羅馬天主教會。然而教會依然沒有放鬆箝制，繼續束縛科學發展許多世紀。天主教當局以《聖經》版物理事件和現象為唯一真理，任何發表異議的科學家都遭噤聲，甚而處決。

掙脫黑暗

歐洲有關光學與光的真正重要的原創著作，直到文藝復興時期方才出現。十六和十七世紀科學界傑出人物如尼古拉·哥白尼（Nicolaus Copernicus, 1473-1543）、伽利略、約翰內斯·克卜勒（Johannes Kepler, 1571-1630）和牛頓等人，終於拆解廢除了支配科學思維近兩千年的亞里斯多德派宇宙模型，還制定出屹立四、五個世紀，不受任何挑戰的力學和光學相關定律。這當中以克卜勒和牛頓對光學做出最重要的貢獻。

克卜勒是個德國數學家暨天文學家，他相信上帝是依循一套清晰合理的計畫

匈牙利發行的克卜勒紀念郵票，表彰他和他對太空科學做出的貢獻。

伽利略在 1609 年向威尼斯大公萊昂納多·多納托（Leonardo Donato）進呈他的望遠鏡。

伽利略的望遠鏡

伽利略在威尼斯聽說了望遠鏡的發展成果：一位荷蘭人來到義大利，向威尼斯元老院推銷那種儀器。伽利略急著想打敗他，於是搶在短短二十四小時內，打造出一台性能舉世無匹的望遠鏡。伽利略的望遠鏡並不使用會生成倒像的兩片凹透鏡設計，而是安裝了一片凸透鏡和一片凹透鏡，生成的影像是正立的。元老院聽從他所述，暫緩決定是否購買荷蘭望遠鏡。接著伽利略又製造出一台性能更好的望遠鏡，進呈威尼斯大公審視，就此取得勝利，也贏得了他在帕多瓦大學（Padua University）的終生聘教授職。

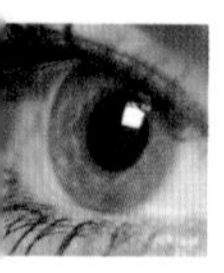

來建構宇宙，也因此其運作方式，都可以憑著運用科學觀測和推理來發現。克卜勒主要以天文學廣泛研究著稱，不過他還導入了點對點追蹤光線的技術，用來判定、解釋光的傳遞路徑。他由此推斷，人類的眼睛能把從瞳孔射入的光線折射聚焦於視網膜上，從而發揮其視物功能。他解釋眼鏡如何作用——人類使用眼鏡約三百年，卻始終沒有人真正了解其背後的原理——隨著望遠鏡使用愈見廣泛，約 1608 年時，他也解釋了望遠鏡如何發揮功能。

克卜勒在 1603 年發表他的光學著述，比牛頓的出生時間早了將近四十年。最早的天文望遠鏡實際上是英格蘭的倫納德．迪格斯（Leonard Digges）在 1550

勒內．笛卡兒

笛卡兒生於法國圖賴訥拉海（La Haye en Touraine），一歲喪母，父親是當地政治家。起初他依循父親的期望，接受法律和科學教育，後來便放棄成為律師的計畫，投入時間研習數學、哲學和科學，從事獨立思考並從軍。所幸他有充裕的財力，能夠支持這種生活方式。他號稱「現代哲學之父」，而他發展出的笛卡兒座標系，更獲英國哲學家約翰．彌爾（John Stuart Mill, 1806-73）稱譽為「精密科學發展史上最偉大的一步」。就物理學史來看，笛卡兒的最重要哲學發展是機械論模型——他努力把整個宇宙看成類似機械的系統，而這些系統都依循一套物理定律體系來運作。笛卡兒是個敏感的人，從童年起就追求安逸。他很晚才起床，還說他最好的成果都是在舒適床上完成的（他也是這樣發展出他的笛卡兒座標系，見第 45 頁邊欄）。後來瑞典的年輕女王克里斯蒂娜（Queen Christina）聘請他擔任女王私人教師，並堅持要他清晨五點鐘到冷冰冰的圖書館上課，結果笛卡兒只撐了五個月就患上嚴重肺病去世，死時 53 歲。

笛卡兒的視覺模型，顯示光線如何傳導到眼睛，還有資訊如何傳往松果腺。

年代早期製成（見第 159 頁），儘管如此，那種儀器大半都與另一個人的成果關係最為密切，那個人就是天文學家伽利略（見第 41 頁邊欄）。

使用透鏡看分明

透鏡是最基本的光學工具，能改變光的路徑。透鏡遠在人類能提出解釋之前，業已發展問世。現存最早樣品是尼姆魯德透鏡（Nimrud lens），三千年前在古亞述以一塊岩石晶體製造而成。巴比倫、古埃及和古希臘也用過相仿透鏡，有可能是用來放大物體，或者當成生火透鏡，用來凝聚陽光以點燃火燄。希臘和羅馬人曾用球形玻璃容器裝水來製造透鏡。研磨製成妥當形狀的玻璃透鏡，則是直到中世紀才開發問世。用來矯正視力的透鏡，最早或許見於羅馬作者老普林尼（Pliny the Elder, 23-79）的著述。他描寫尼祿（Nero）皇帝曾在競技場透過一塊綠寶石觀賞格鬥士比試。閱讀石——凸起的玻璃塊或岩石晶體——從十一世紀起便使用來放大文字。磨製的玻璃透鏡約從 1280 年起便使用來製作眼鏡，不過起初沒有人知道，透鏡的作用方式和原理。隨著顯微鏡和望遠鏡在十六和十七世紀的發展，精密透鏡的需求也隨之增長。研磨技巧歷經數百年不斷精進，改良的鏡片跟著也促成進一步發現，隨後這又激發出對更優良鏡片的需求。文藝復興和啟蒙時期的一些偉大科學家，好比伽利略和比利時顯微鏡先驅安東尼・范・雷文霍克（Antonie van Leeuwenhoek, 1632-1723）還有荷蘭物理學家暨天文學家克里斯蒂安・惠更斯（Christiaan Huygens, 1629-95）等人，都自行製造透鏡。

尼姆魯德透鏡，發現於現今伊拉克北部的庫德斯坦（Kurdistan）。

以太施加的壓力

笛卡兒的光學著作描述眼睛的運作機能，並指點改良望遠鏡。他使用機械類比，以數學導出光的眾多性質，包括反射和折射定律。不過就其他方面，他卻拒絕接受虛空的存在，導致他作繭自縛。就伽桑狄等能夠設想原子在虛空中運動的理論學家而言，光線可以解釋成一束飛馳穿越空間的快速運動粒子。缺了虛空，笛卡兒就需要另一套機制。他相信，所有空間都充滿了某種稀薄的「間隙流體」（interstitial fluid）——以太的另一種版本——就是經由這種流體施加的壓力生成了視覺。所以，倘若太陽對間隙流體施加推力，這種壓力就會即刻傳抵眼睛，於是眼睛就會察覺太陽。這項理論的基礎極其薄弱，特別當我們考量太陽和地球相隔達 1.5 億公里，不過這倒是為笛卡兒一位密友之子克里斯蒂安・惠更斯（Christiaan Huygens）（見第 48 頁）遠更為重要的研究成果奠定了根基，還促使牛頓就此課題投入鑽研他自己的一些構想，不過採行的走向卻有所不同。

> 「〔笛卡兒〕以其聰明才智，他並沒有娶妻來拖累自己；不過他是個男人，有男人的需求和慾望；因此他有個條件良好，討他歡心的健美女子，而且他還藉她生了幾個孩子（我想有兩、三個）。這種處境很可憐，不過出身這種有頭腦的父親，想必他們應該都有良好的教養。他的學養十分出眾，有學養的人全都前來見他，當中許多人想必希望他讓他們看看他的儀器收藏（當時的數學學問，大半根植於對儀器的認識，而且誠如亨利・薩維爾〔Henry Savile〕所言，那是根植於變戲法）。這時他就拉出他桌下一個小抽屜，給他們看一個斷了一腳的圓規；接著是他的尺，他使用對摺的紙張來充當。」
>
> 約翰・奧布里，《名人小傳》

光學巨擘：牛頓

牛頓很可能是有史以來最偉大的科學家：他成為泰山北斗，屹立四百年，讓眾人得以站上他的肩膀，更上層樓。他的光學作品，名聲或許不如他的力學和重力著述（見第 74 頁）那麼響亮，重要性卻不遑多讓。

牛頓成功分離白光，區隔出光譜成分，接著讓帶色光線重新結合，恢復為白光，就此明確驗證白光是不同色彩的組合。這種可能性，許久之前已經見於記載。亞里斯多德曾稱，彩虹是雲朵發揮陽光透鏡作用所生現象，後來海什木也採納了這項解釋。羅馬哲學家盧修斯・塞內卡（Lucius Annaeus Seneca, c.4BCE-65）便在《天問》（*Naturales quaestiones*）書中提到，陽光通過玻璃稜鏡會生成類似彩虹的色彩條帶。然而，到了牛頓的時代，多數人都認為，

通過天才的稜鏡：牛頓的重力和光學成果，徹底改變了自然哲學。

> 「自然和自然定律潛藏暗夜；神說『讓牛頓出來』，一切就大放光明。
>
> 亞歷山大・波普
> （Alexander Pope, 1727）

創造歷史的蒼蠅

直角座標系冠上了笛卡兒的姓氏，號稱笛卡兒座標系並沿用迄今，這套體系以 x、y、z 三軸上的位置來代表三維空間某定點的位置。他宣稱自己是在 1619 年躺在床上，看著一隻蒼蠅在他臥房角落嗡嗡飛翔時發展出這套體系。他領悟到，只要標繪出蒼蠅在任意瞬間和最靠近的兩堵牆面的相隔距離，加上牠和樓板或天花板的距離——也就是牠所處三維座標——就能精確指明牠的瞬間位置。從這項簡單的觀察結果可以推知，幾何圖形可以用一些數字（圖形各角落之座標）來代表，而且曲線也可以寫成方程式，並以式中彼此有關的連串數字來表示（於是，舉例來說，一條拋物線軌跡也就可以標繪成圖）。整套代數幾何研究體系，就在笛卡兒看見並思忖他房間角落那隻蒼蠅之時落實成真。

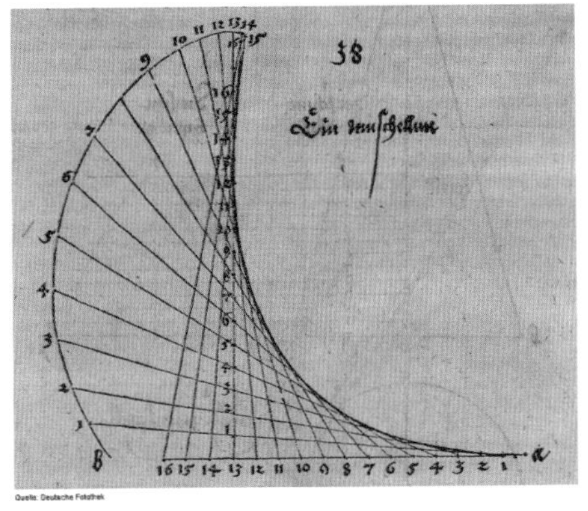

Quelle: Deutsche Fotothek

笛卡兒幾何根據連串定點各與兩軸之相隔距離標繪成圖，從而把方程式轉以圖形呈現。

有色光是以白光混合黑暗形成的一種陰影。笛卡兒認為色彩是光的組成粒子轉動所生現象。牛頓的知識界勁敵虎克則認為，色彩銘印於光線，就如光線通過花色玻璃窗的情況。他試行使用稜鏡來分離光線，卻只生成邊緣帶色的白光。牛頓使用比較優越的器材，於是他做出了虎克沒實現的成果。他在劍橋大學三一學院用黑屏把他的房間窗戶遮住，屏上刺了個針孔，讓一道細窄光束射入，接著他使用精密打造的玻璃稜鏡來分離光束，並在幾英尺外的另一面屏幕上投映影像。他騰出充裕空間，讓帶色光束妥善散開，形成一幅清晰的光譜。

當牛頓的色輪以非常高速轉動，顏色便難以分辨，輪面看來也呈白色。

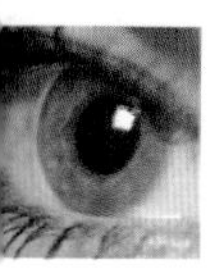

牛頓致力鑽研實驗光學，專心致志超越了合情合理的程度。一則很有名文獻便記載了他如何自殘，拿一根錐子（大型粗針）戳進自己的眼窩，在不刺破眼球情況下，儘量扎到最深處，試行扭曲眼球外形，看這會如何影響他對色彩的知覺。牛頓領悟，原來帶色物體看來呈那種顏色，是由於它們反射的光所致。舉例來說，紅披肩看來呈紅色，是由於披肩反射紅光所致，而白襯衫則能反射所有光線。他還鑽研不同折射程度與不同色彩的連帶關係。

儘管對科學做出這般令人敬佩的貢獻，牛頓卻是個很難相處又傲慢好辯的人。他對虎克的敵意已經走火入魔，卻非獨一無二；另有好幾個人也都引他仇視，刻薄相待。要不是虎克不幸死得比牛頓早，否則他的聲望還會更為顯赫，因為牛頓剽竊了虎克的一項發現，也就是見於水上浮油薄膜的所謂的「牛頓色環」。牛頓故意延遲發表自己就光線與色彩方面的著述《光學》三十年，等虎克死後方才出版，這樣他就沒辦法針對發現人的身分提出異議。

「如果說我看得比別人遠，那是由於我站在巨人的肩膀上。」

牛頓致虎克公開信

此信是皇家學會為求化解（或掩飾）兩人間的嫌隙，堅持要他提筆書寫的。

虎克的《顯微圖譜》

虎克的最著名作品是1665年發表的《顯微圖譜》。這是個好例子，可以說明光學發展如何迅速促成其他科學領域

「我拿一支錐子，壓在我的眼和骨之間，盡我所能接近我的眼睛後方：並〔以〕該錐末端壓住我的眼睛（好讓我的眼睛出現 abcdef 曲線）並出現了好幾個白黑和帶色圓圈 r、s、t 和 c。當我持續〔以〕錐子末端碰觸我的眼睛，這些圓圈也最清楚，不過假使我讓眼睛和錐子保持不動，而且儘管我繼續〔以之〕壓著我的眼睛，圓圈卻就變得模糊，而且往往會消失，直到我活動我的眼睛或錐子，〔把它們〕除掉為止。

若實驗在明亮房間進行，就算我的眼睛閉上，仍有部分光得以透過眼瞼。最外側（如 ts）便出現一道帶藍色的寬大暗圈，而且〔在那裡面〕還有另一個光點 srs，其色彩很像眼球其餘部分〔的色彩〕，如 k 點。〔該〕光點裡面還出現另一個藍點 r，尤其當我〔以〕一支細尖小錐子來用力按壓我的眼睛之時，最外側於 vt 處還出現一道光緣。

牛頓的筆記，劍橋大學圖書館

（CUL MS Add. 3995）

進步，尤以生物學和天文學為主。虎克並不是第一位顯微鏡學家，不過他把顯微鏡引進主流科學，還改良了顯微鏡和望遠鏡的設計。《顯微圖譜》刊載了虎克的顯微鏡下所見物體、有機物和微小有機體的素描。書中精細插圖——有些是建築師雷恩所繪——前所未見，於是《顯微圖譜》也成為歷來出版的最重要科學書之一。塞繆爾．皮普斯（Samuel Pepys）在他的日記裡寫道，他熬夜到凌晨兩點閱讀這本書，還說那是「我這輩子見過最別出心裁的書」。

OPTICKS:
OR, A
TREATISE
OF THE
Reflections, *Refractions*,
Inflections and *Colours*
OF
LIGHT.

The FOURTH EDITION, *corrected*.

By Sir *ISAAC NEWTON*, Knt.

LONDON:
Printed for WILLIAM INNYS at the West-End of St. *Paul's*. MDCCXXX.

牛頓於 1704 年出版的光學專論之扉頁。

波動或粒子？

體認到白光是不同色光共組而成是一回事，然而這也跟著帶出了一個問題：色光是指什麼？印度的早期科學著作便曾論及光是以粒子所組成，也提到光是某種波動的相左見解。就歐洲而言，恩培多克勒指稱光是射線，盧克萊修則論稱粒子之說，爭議延續許多世紀；虎克承襲笛卡兒所述，採納光是種波動的見解。這同樣是個爭議點，因為牛頓曾著述談論光之「微粒」（即粒子），這種構想最早由伽桑狄提出，而牛頓則是約在 1660 年代讀了他的著述。牛頓的影響十分深遠，於是歷經長久時期，波動說在英國都罕有人聞問。不過牛頓生性傲慢又好辯，致使他在歐洲其他地區都很不得人心，說不定還因此減損了對微粒模型的支持。牛頓排斥波動說，理由是他認為縱波（順著傳導方向振動的波）不能說明偏振現象的起因。沒有人考量過也可能存有橫波（與傳導方向垂直振動的波）。牛頓採信「光以太」（傳導光的以太）觀點，光以太是種可供光傳播的介質，不過這並不是他的微粒說的絕對要件，因為粒子

牛頓《光學》書中實驗插圖，顯示他以錐子刺探自己眼睛的情形。

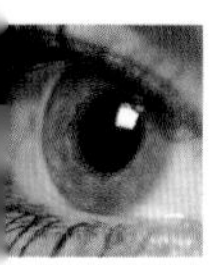

在虛空中同樣能夠妥善移動。他還認為，光微粒在號稱「易反射」（easy reflection）和「易傳輸」（easy transmission）的兩相之間切換。週期性是波理論的基本特徵，而從這裡他也預料到了量子力學（見第 116 頁）。儘管牛頓的名字總讓人聯想起微粒說，他自己的著述仍把兩種觀點的各方層面全都納入。舉例來說，他指稱光微粒能生成局域以太波，因此才引發繞射現象。有趣的是，這讓他更貼近現代的「光的二象性」見解——光同時具有波和粒子的性質。

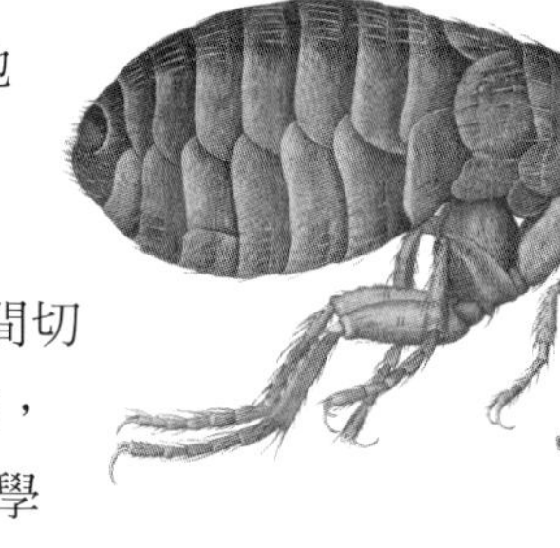

跳蚤放大圖示，引自虎克的《顯微圖譜》。

波前和量子

歐洲方面，惠更斯發展出「波前說」（wave-front theory）。他以自己的實驗發現為本，在 1678 年就發展出一套光學學說，卻是直到 1690 年方才發表。就像（經常到惠更斯童年住家探訪的）笛卡兒，惠更斯也認為光是種在以太中傳播的波動。他預測，光在比較緻密介質中的傳播速率，低於在較低密度介質中的行進速率。這點非常重要，因為他——有別於笛卡兒——也就是在說，光速是有限的。

惠更斯的波前說能夠解釋，波遇上障礙時——經反射、折射或繞射作用——如何演變和表現出種種行為舉止。他指稱，波的各處位置，分別成為一道朝所有方向傳送之小波的中心點。就光而

「〔虎克〕只有中等身材，有點駝背，臉色蒼白，他的臉稍有點低垂，不過他的頭很大；他的眼睛圓睜外凸，並不靈活；眼睛是灰色的。他長著一頭纖細頭髮，呈褐色，帶著一種出色的濕潤捲曲。他總是非常溫和，飲食等方面都很適度。

他擁有出色的創新頭腦，還是個具備極佳美德和良善的人。當我說起他有十分高明的創新機能，各位卻不應想像他擁有絕佳記憶，因為它們就像兩個吊桶，一個升起，一個降下。他肯定是當今世界上最偉大的力學專家。他的頭腦表現專精幾何學遠勝於算術。他是個單身漢，而且我想他永遠不會結婚。他的哥哥留下一個好女兒，就是他的繼承人。總而言之，他是個溫文爾雅又善良的人。

擺輪錶就是羅伯特．虎克先生發明的，而且比其他錶有用得多。

他發明了一種器械，可以用來快速完成除法等運算，或快速直接求出除數。」

約翰．奧布里，《名人小傳》

羅伯特．虎克

虎克生於懷特島（Isle of Wight），父親是當地弗雷什沃特村（Freshwater）諸聖堂的堂區牧師。虎克十三歲時喪父，於是他前往倫敦就讀西敏公學（Westminster School），接著以唱詩班歌手身分進入牛津大學基督堂學院（Christ Church College, Oxford）。倘若虎克的身體更健康一些，說不定他就注定在教會發展事業，結果他轉投入科學，成為牛津化學家波義耳的助理。虎克在1660年遷回倫敦，1662年成為皇家學會的創始會員。身為學會第一任實驗負責人，虎克肩負起每週演示「三、四項重大實驗」的職責。他用他的顯微鏡進行密集研究，繪圖呈現他眼中所見，把結果發表於1665年《顯微圖譜》。他還創制出「cell」（細胞）一詞，指稱活體組織的組成單元，這樣命名是由於他觀察軟木切片見到的「細孔」，讓他聯想起僧侶居住的「cell」（單人修道室）。1666年倫敦大火造成嚴重破壞，災後雇用了兩位調查員，虎克就是當中一名，那個職位讓他發了財。他還建造了貝特萊姆皇家醫院（Bethlehem Royal Hospital）——惡名昭彰的精神病患收容所，如今更著名的稱法是「瘋人院」（Bedlam）。

他是一位足智多謀的思想家、實驗科學家和機械技師，為許多既有裝備設想出創新改良做法，包括氣泵、顯微鏡、望遠鏡和氣壓計，他還率先運用彈簧來為鐘錶提供動力。他的構想大半由其他人進一步發展，虎克提供了不可或缺的跳板，卻幾乎沒有得到任何榮譽。他提出了燃燒說和重力說，甚至在1679年就推想出了重力反平方律，為牛頓就該課題的相關研究成果奠定礎石。牛頓絕對不容任何人暗示虎克的領先或出色成就，牛頓的仇恨陰影，抹煞了虎克在歷史上應有的地位。如今就我們所知，虎克的肖像沒有一幅存留下來。

1666年大火之後的倫敦悽慘市容。

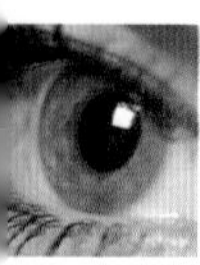

惠更斯的架空望遠鏡（aerial telescope），他把接物鏡和接目鏡分開，以一條細繩來校準兩鏡，因此產生很長的焦距。

論，他認為那是種脈衝現象，以反復波形式發出，並以光速向外行進。光波以球形波形式在三維空間向外傳播。

光線傳播前緣會出現小波相互干涉，說不定還彼此抵消的現象。一旦觸及不透明物體，小波便經局部截除，部分則存續下來，在陰影和圖像前緣產生出結構纖細的複雜線條，並形成繞射圖樣。科學界就惠更斯如何發現這項原理意見紛歧，有些人認為他是發揮天才巧思，有些人則認為他只是運氣好，歪打正著。

十九世紀期間，幾位科學家分在歐洲不同國家從事研究，擬出一項理論，認為光是種橫波（振動方向與傳播行進方向垂直的波，好比蛇在地面爬行的扭動方式）。1817 年時，法國物理學家奧古斯丁．讓．菲涅耳（Augustin Jean Fresnel, 1788-1827）向法國科學院提出他自己的光學說，到了 1821 年，他已經證實，偏振現象只有在光是以橫波組成且不含縱向振動的條件下，才能合理解釋。這就回應了牛頓原則上反對把光視為波的態度。菲涅耳最著名的成就是發明了冠上他姓氏的透鏡，這種透鏡起初是設計來強化燈塔射出的光束。

克里斯蒂安．惠更斯，1671 年。

湯瑪斯·楊。

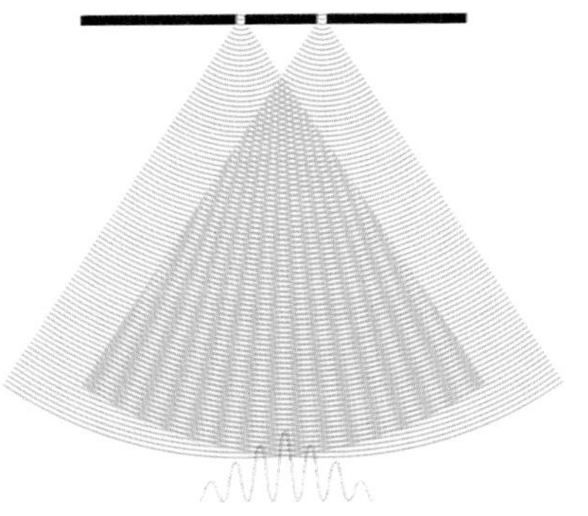

引光射過兩道狹縫時生成的干涉圖樣，支持光的波動說。

楊的雙狹縫實驗

1801年，湯瑪斯·楊執行了一項實驗，似乎就此一舉證實光是種波。他做出兩道狹縫，然後引光射過縫隙。他料想應該能見到做兩次單縫實驗得出的總和結果，結果出乎所料，他注意到了一種複雜的繞射圖樣，這是通過兩道狹縫的光，彼此干涉所生結果。他增添愈多狹縫，干涉圖樣也變得愈複雜。這就證明，光確實是種波，且波谷和波峰要嘛就彼此抵消，不然就相互增強，從而生成干涉圖樣。楊還提出光的不同色彩出自不同波長之說，這是朝向往後一項認識踏出的一小步，十九世紀這項學說認為，我們所見，只是電磁輻射頻譜的一個段落，而全譜就目前所知則包含伽瑪射線、X光、紫外光、可見光、紅外光、微波、無線電波和長波。

新的曙光——電磁輻射

馬克士威依然假定，所有電磁輻射都必定是在某種「光以太」（luminiferous aether）中移動。以太有別於其他萬物，因為那是種真正的連續體——能無窮分割，並不像普通物質那般以分離的粒子組成。而且不只是以太可以無窮分割，連在以太中行進的能量波也一樣。馬克士威的學說帶來了一些問題，而且只有在馬克斯·普朗克（Max Planck, 1858–1947）證實能量必定是以微小有限量形式（現稱量子）發出之後才真正解決。（若非如此，則基於很複雜的理由，宇宙間所有能量都會被轉換成高頻波動。）

愛因斯坦在1905年從事光電效應（見53頁）研究時論證演示，從光本身的舉止看來，它彷彿就是以量子（或如今稱為光子的微小能量封包）所組成。他使

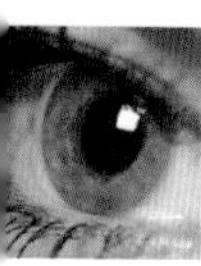

用如今我們所說的普朗克常數（Planck's constant）來描述一顆光子的能量與其頻率之關係。

如今我們認為光具有波粒二象性（wave-particle duality）：光的舉止有時像波，有時則像粒子。若是能想出某種做法，來預測光何時會表現此類或另類舉止，想必會很有用處，量子力學正好有辦法進行這種預測（見 117 頁）。

詹姆斯・馬克士威。

以太的末日：邁克生－莫雷實驗

我們一般都認為，波必須在某種介質（好比空氣或水）裡面傳播。相同道理，早先也曾假設，光波同樣必須在光以太裡面傳播。

以太的末日終於到來，肇因於兩個美

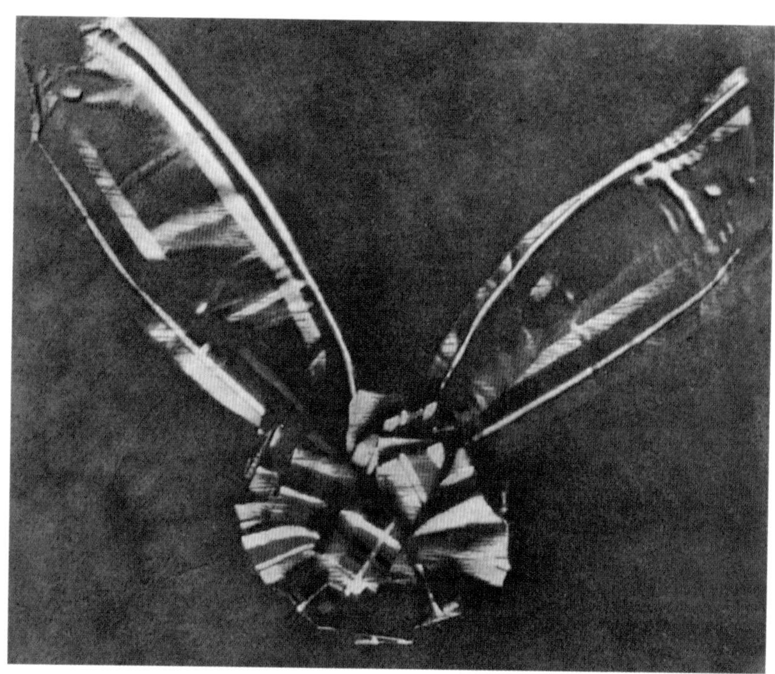

有史以來第一幀彩色照片，由馬克士威在 1861 年對一條格子呢緞帶拍攝所得。

光電效應

愛因斯坦曾獲頒 1921 年諾貝爾物理獎，不過得獎作品並不是他最著名的概念——相對論——而是他在光電效應上做出的成果。他解釋光子（不過當時不使用這個名稱）有時如何能把電子轟出其原子軌道，並爆出一陣微小能量。太陽能光電板就是這樣從陽光發電。陽光把一片半導體材料（好比矽）的電子轟出，把電子導入電線就可以送往其他地方，抽出做有用的功，或者儲存供往後使用。光電效應最早見於法國物理學家亞歷山大·貝克勒（Alexandre Becquerel, 1820-91）的 1839 年著述。他觀察發現，以藍光或紫外光照射特定金屬就會發出電流，不過他並不明白箇中運作原理。愛因斯坦借用普朗克的量子概念，起初應用於原子的能量，以之來描述光能細小封包——光子。光子表現的能量數，取決於光的波長。藍光的光子能量足夠把一顆電子轟出軌道，讓它游離出來，期間還會發出一股電流，至於紅光的光子就無此作用。增加紅光強度並無幫助，因為個別紅光光子完全辦不到這點。

早期的光電電池，在電視機的開發過程製造問世。

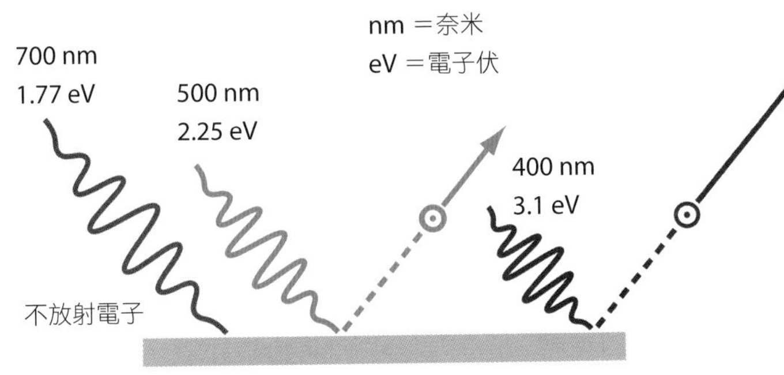

落於表面的光子若是擁有充裕的能量，就只會轟出一顆電子；紅光並不會生成電流，藍光或綠光就有此作用。

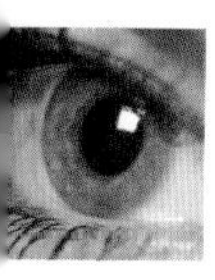

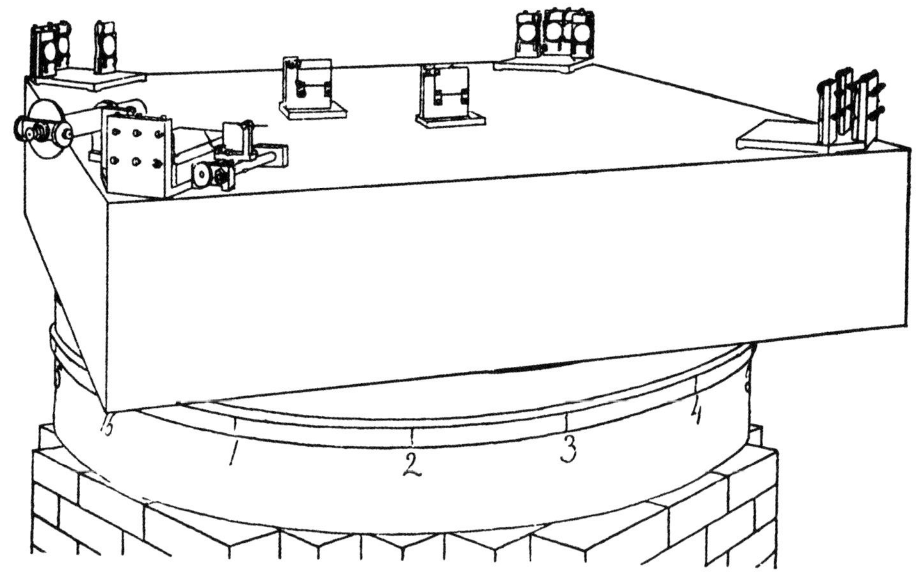

邁克生－莫雷用來測定光速的設備，設計宗旨是要證明存有以太。

國物理學家在1887年執行的一項實驗，兩人分別是阿爾伯特．邁克生（Albert Michelson, 1852-1931）和愛德華．莫雷（Edward Morley, 1838-1923）。科學家假定，若真存有以太，那麼它肯定填滿整個太空，因為以太攜帶從太陽和恆星發出的光線，傳播到地球。英國物理學家喬治．斯托克斯（George Gabriel Stokes, 1819-1903）在1845年指稱，既然地球是以高速在太空中運行，則它在以太中穿行時就該產生曳力，從而造成某種效應。在地球表面任何定點，以太「風」的速率和方向都應該變動不絕，實際取決於一日時辰和一年日期而定，所以只要檢視光線在不同時間的傳播速率和方向，我們就應該有可能測知地球和以太的相對運動。

邁克生和莫雷製造設備來測量光速，而且儀器精確度很高，果真有以太的

> 「〔以太〕是動力學中我們唯一確信存在的物質。有一件事情我們相當有把握，那就是光以太的真實性和實在性。」
>
> 開爾文勳爵威廉．湯姆森
>
> （William Thomson, Lord Kelvin）
>
> 1884年

話，應該就能測出其效應。他們的儀器把一道光束分離成兩道，彼此垂直向外朝兩面鏡子射去。光束經往返反射 11 米距離，隨後在一件接目鏡處重合。倘若地球在以太中運行，則和以太流平行傳播的光束，就得花較久時間才能回到偵測器，而行進方向與以太垂直的光束會較快抵達。倘若一道光束比另一道移動得慢，結果就應該顯現在光束重合時生成的干涉條紋當中。整組裝置搭建在一塊大理石上，大理石則飄在一缸水銀面上，座落在一棟建築地下室，盡可能遠離一切振動，以免干擾所得結果。這套設備的敏感度很高，倘若地球果真承受

早期科學家對於地球究竟是飄懸在空無空間，或者是在以太間穿行並無共識。

邁克生干涉儀（見 56 頁）可用來從白光產生出五彩繽紛的干涉圖案。

以太風的吹襲，那麼儀器就能探測出料想中的作用。結果實驗沒有得出具統計意義的正向結果，邁克生和莫雷只能撰述寫道，他們的實驗失敗了。其他人繼續改良裝置，結果依然找不到以太的證據。當然了，邁克生和莫雷實驗並沒有失敗。實驗顯示並沒有光以太。不幸的是，邁克生的結論並非沒有以太，而是歸結認為菲涅耳所提靜態以太模型（即以太對光施加拖曳力量的「以太拖曳假設」）才正確。

邁克生干涉儀的作用是把光束一分為二，接著反射、重合，最後再形成一道光束。

木星和衛星木衛一（Io,「埃歐」）；木星的衛星掩食現象讓惠更斯深信，光是以有限速率行進。

C

光速以字母「C」表示（如 $E=mc^2$ 中所示），代表拉丁詞 celeritas，意指敏捷或速率。

以光速行進

早至約西元前 429 年時，恩培多克勒便認為光是以有限速率行進，儘管這看來只是種突發奇想。不過，他是古代思想界一個醒目的例外，因為當年多數人都同意亞里斯多德所述，認為光速是無限的。阿拉伯科學家阿維森納和海什木的見解和恩培多克勒一致，羅傑・培根和法蘭西斯・培根也都如此。不過即便到了十七世紀，歐洲的盛行觀點，也就是笛卡兒所抱持的理念則是，光是以無限速率行進。

最早試行挑戰這項假定，投入測量光速的第一人是伽利略，他在 1667 年使用一種非常原始的做法來動手嘗試。伽利略和一位助理相隔 1.6 公里分站兩地，輪流遮掩、掀開提燈火光，並測定他們花多久才注意到燈光。這種方法用來測量兩人的反應速度大概還比較好，此外恐怕什麼都測不出來。伽利略總結認為，就算光速並非無限，肯定也非常快——或許起碼十倍於聲速。聲速最早在 1636 年已經由法國哲學家暨數學家馬蘭・梅森（Marin Mersenne, 1588-1648）測定完成。

惠更斯在丹麥科學家奧勒・羅默（Ole Rømer, 1644-1710）得出觀測結果之後，便深信光是以有限速率行進，羅默是根據木星的衛星掩食現象，他在巴黎和生於義大利的天文學家喬凡尼・卡西尼（Giovanni Cassini, 1625-1712） 合作進行這項觀測。卡西尼和羅默注意到，儘管掩食應該固定時間間隔發生，卻不是始終準時——變異取決於地球與木星的相對位置而定。他們歸結認定，當地球和木星相隔較遙遠之時，由於光線得花較久時間才能傳抵地球，於是我們也就較遲才見得到掩食。卡西尼在 1676 年表示，只要光是以有限速率行進，這種掩食現象的表觀時間落差，就能合理解釋。他動手算出光線從太陽傳播到地球約需時 10 或 11 分鐘。不過他

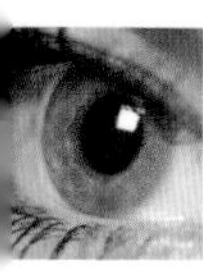

並沒有進一步鑽研下去，於是這道課題就留給羅默來解答，他算出了光的準確速率。羅默他在 1679 年一次木衛一掩食之前表示，實際出現時間，會比所有人料想的遲十分鐘，他的時間預測相當精確。他根據當時地球軌道直徑的最佳估計值，算出光速為每秒 20 萬公里。把現今的地球軌道數值代入羅默的公式，

阿基米德的熱射線

依傳統說法，希臘科學家、數學家暨工程師阿基米德（Archimedes, c.287-212BCE）在敘拉古圍城戰（Siege of Syracuse, c.214-212BCE）期間，安排在岸邊列置一組拋物線形鏡子陣式，使用陽光讓敵船失火。雅典一處海軍基地在 1973 年做了一項實驗，使用 70 面 1.5 米乘 1 米的包銅鏡面來引導陽光，射向 50 米左右之外一艘塗敷焦油的膠合板羅馬戰艦仿製品。不到幾秒鐘，那艘船就燃起烈燄。

麻州理工學院一群學生在 2005 年也做了類似實驗，他們在理想天候狀況下，同樣讓一艘模擬船隻起火燃燒。

儘管這項技術明顯是用上了光，好比使用凸透鏡來點火，不過讓船隻或火種起火的，當然並不是可見的白光，而是伴著白光隨陽光傳播的看不見的紅外輻射（熱）。

阿基米德運用一面鏡子引火焚燒敵船；實際上他動用了不止一面鏡子！

可求得每秒 29.8 萬公里，極為貼近每秒 299,792.458 公里的現代數值。（這個速率並不因未來研究而改變，因為如今一公尺長度規定為光在 1/299,792,458 秒內傳播的距離。）惠更斯在 1678 年使用羅默的方法，證實光只需數秒鐘，就能從月球傳抵地球。牛頓在《原理》（*Principia*）書中論稱，光從太陽傳抵地球需時 7、8 分鐘，這和平均 8 分 20 秒的實際數字已經相當接近。

牛頓等人假設光速並不固定，實際取決於光的傳播介質。如果光是粒子，這就很合理。如果光是一種波，那麼情況就不見得如此。不是所有人都相信惠更斯的計算結果，有關光是否以有限速率傳播的主張也人言人殊，最後是英國天文學家詹姆斯・布拉德雷（James Bradley, 1693-1762）在 1729 年一了百了徹底解決了那道問題。他發現了光行差（aberration of light），另一個稱法是恆星光行差（stellar aberration）。觀星時可見恆星彷彿環繞其真正位置描畫出一個小圓圈，這是由於地球和該恆星的相對速度（速率和方向）所致現象。他的研究花了超過十八年才完成。

後代兩位法國實驗人員重現伽利略的提燈與僕役實驗，不過採用的做法先進得多。物理學家伊波利特・斐索（Hippolyte Fizeau, 1819-96）在 1849 年使用兩盞提燈和一個快速旋轉輪（輪上帶有鋸齒，能交替遮擋、閃現燈光），

隱形披風

1990 年代，科學家開發出種種具有負折射率的超材料（metamaterial）。材料的折射率決定射入該材料的光有多少比率會被折射。真空的折射率等於 1，愈緻密的材料折射率愈高。到了 2006 年，超材料第一次派上用場，製作出一款隱形裝置，讓一件物體在微波下看似失去形影。超材料的粒子必須小於光的波長，這樣光流才會繞過粒子，如同溪河水流流經岩石。迄今仍未能完善製出能處理光波且超過一微米寬的隱形裝置。

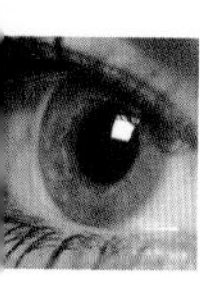

還有一面用來把燈光反射回去的鏡子。燈光速率必須夠快，才能從同一道縫隙反射回來，因此從輪子的轉速，就可以算出光的速率。他使用具有百齒的齒輪，以每秒數百轉高速旋轉，最後測得光速約可達每秒 1,600 公里。以擺成名的里昂．傅科（Léon Foucault, 1819-68）也使用了相仿原理。他以一道光束照射一面傾斜的旋轉鏡面，接著光束再從置放於 35 公里之外的第二面鏡子反射回來。在此同時，他還改變了旋轉鏡面的角度，於是就能算出反射再反射回來的光線的角度，從而判定鏡子移動了多遠，還有經過了多少時間。斐索在 1864 年建議「以一種光的波長為長度標準」，以及以光速來重新定義公尺（後面這點已經落實成真）。

愛因斯坦以觀測結果為本，也就是全宇宙的光速都為常數，從而推導出他的相對論。

一往直前

阿那克薩哥拉在西元前五世紀便堅信，光只能順著直線傳播，隨後到了二十世紀，愛因斯坦說明光的傳播受重力影響，會彎轉成一條曲折路徑，這才打破那個信念。不過古人也很清楚，光可以改變方向——好比反射，還有從一個介質進入另一種介質時，光也會出現折射。波斯物理學家伊本．薩爾（Ibn Sahl, c.940-1000）在 984 年說明，托

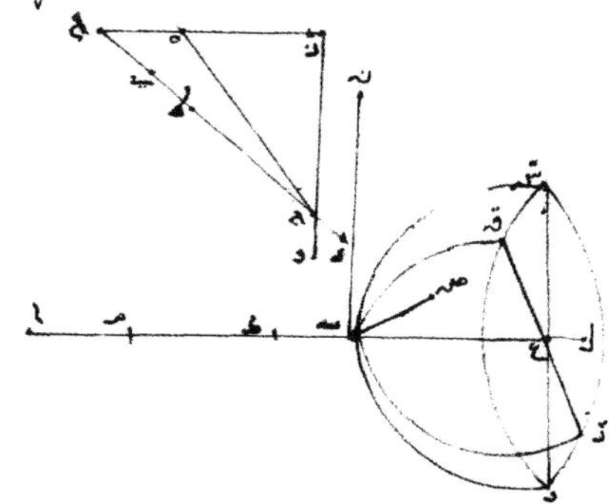

登載伊本．薩爾論述折射定律說明文字的原始手稿。

勒密曾估出折射的近似值。不過說明、預測折射角的數學定律卻稱為「司乃耳定律」（Snell's Law），名稱得自荷蘭天文學家威理博．司乃耳（Willebrord Snellius, 1580-1626）。不過儘管司乃耳在 1621 年重新發現了這個關係，他卻沒有公開發表。笛卡兒在 1637 年發表了一項定律證明。司乃耳定律之所以有效，與法國數學家皮埃爾．德．費馬（Pierre de Fermat, 1601-65）所述：「不論在任何物質中傳播，光都採行最快路徑」有關。光依循彎曲路徑之說，最早是在二十世紀早期，驗證愛因斯坦相對論時確認。

1919 年日全食時，非洲外海的普林西比島（Island of Principe）可以全程目

睹，於是天文學家亞瑟．愛丁頓（Arthur Eddington）率領一支英國考察隊伍，前往該島觀測。考察隊趁日食拍下了一群位置貼近太陽的恆星照片，若是在其他時候，星光都會被陽光掩蓋。愛丁堡拍的照片當中，有一幀顯示，當中一顆實際位於太陽背後，應該隱藏不見的恆星，竟然清楚出現眼前。這就證實光線受太陽重力場的影響轉彎，從而改變了那顆恆星的表觀位置，轉移到了當時可見的定點。

藝術家大衛．霍克尼（David Hockney）創作了游泳池系列畫作，玩弄光線觸及空氣和水所生成的折射和反射現象。

光在電磁輻射頻譜中的位置

光在物理學沿革當中佔了很特殊的地位，因為光是可以見到的，對人類來講，有光無光的差別如霄壤之殊。不過誠如馬克士威的研究所示，可見光只是電磁輻射的一種形式。所有電磁輻射全都以光速傳播，全都是量子化的能量（也就是說，全都能呈現為粒子或波動），不過我們的肉眼只能看到可見光。早期並沒有人試行區辨太陽的熱（它的紅外輻射）和它發出的可見光。其他形式的電磁輻射，好比 X 光、無線電波和微波等，都是直到十九世紀晚期方才發現。

第三章

運動中的質量——力學

力學一詞是用來描述物體受力時的行為。古典力學在牛頓描述他的運動三定律時開始出現。這門學問處理原子層級以上的所有類型、尺寸的物體和物質的作用，對象包括從滾珠軸承到星系，涵括液體、氣體和固體，無生命物體以及部分生物體。早在我們認識物理力量，甚或開始思忖支配這些力量的定律之前，人類已經開始實際運用這些作用力。最早的營造工匠使用槓桿和滾子來移動大塊石頭；他們借用重力來把事物投落定位，並以鉛垂線來檢查建物是否鉛直。

對於機械能的駕馭，造就了現代世界的發展。

力學的運用

每當我們運用施加於物質的力，我們都是在借用力學定律來為我們做工。埃及金字塔營建工匠（就我們所知）完全不了解搬運石塊建造金字塔涉及的相關作用力，而且負責設計斯里蘭卡所用複雜灌溉系統的建築師，也不具備正規的流體力學知識。然而，兩種文化都有辦法（藉由實驗和嘗試錯誤）運用物理定律來為自己服務。肥沃月彎是從地中海延伸到波斯灣的一片地帶。這範圍涵括了位於底格里斯河和幼發拉底河之間的所有土地——希臘人稱之為美索不達米亞（Mesopotamia, 意指「兩條河流之間的地方」），包括現今敘利亞和伊拉克。約一萬年前，農耕就在這片地帶開展，到了西元前五千年，蘇美人已經建造出最早的都市，還懂得運用種種做法來切割、搬運並堆疊龐大石塊。蘇美人還發明了輪子，從而能以新的做法來駕馭物理力。隨著人口增長，美索不達米亞人在西元前六千年，便率先開

古埃及人說不定使用過槓桿和滾子一類機械裝置，來協助搬運建造金字塔所需石塊。

早期工程學和流體力學的運用

西元前三世紀，斯里蘭卡的水利工程師建造了複雜的灌溉系統。這套系統的建設基礎是一種類似現代閥井的發明，稱為「節流槽」（biso-kotuwa），用來調節外流水量。規模浩大的堰塞雨水蓄水庫、渠道和水閘，帶來充裕供水，養育了斯里蘭卡以稻米為主食的僧伽羅人（Sinhalese people）。最早的雨水槽在無畏王（King Abhaya, 474-453BCE）統治期間建成。幾世紀後，又完成了一些遠更為精密的更大規模系統，這個階段從瓦薩巴王（King Vasaba, 65-108）統治期間開始。他的工程師建造了十二條灌溉渠道和十一座儲水槽，最大的廣達三公里。他們最偉大的成就在波羅迦羅摩巴忽大王（King Parakrambahu the Great, 1164-96）統治之下完成，僧伽羅工程師在那時沿著綿延約 80 公里的灌溉渠道，實現了每公里降 20 公分的穩定水位。

始使用流體力學，開發出灌溉系統來澆灌他們的農地。

流水不只能用來滋育莊稼，它本身就具有力量，而且流水還會施加壓力，可以用來作功。已知最早運用水來提供推動力的例子在古中國，那是張衡（78-139）使用水力來發動的渾儀（天文學上用來測定恆星位置的環形球儀，與仿真天體運行的渾天儀有別）。西元 31 年杜詩創製水排（水力鼓風機），以水發動鼓風囊為冶鐵爐送氣來生產鑄鐵。

古希臘的力學

儘管早期文明曾把力學投入實際運用，我們並沒有關於力的系統思想或相關分析記載。最早有關作用力如何、為何作用於物體的抽象思維證據出自古希臘。

亞里斯多德在《力學》一書中探究槓桿如何只使用微小力量，卻能移動很大的重量。他的答案是：「以同一力量推動時，一圓半徑離中心最遠的部分，移動得比接近中心的較小半徑迅速。」

亞里斯多德是在一種不等臂天平發明之後不久就領悟到這點。就等臂天平而言，一側的重量必須由另一側相等重量來平衡。若是不等臂天平，則兩側的重量也可以藉由移動支點（橫梁繞此樞軸轉動），或沿著衡梁移動一側的重量來予平衡。因此有關機械力的理論構思，只在實用的裝置已發明，並實際運用這些力之後方才出現。不等臂天平問世，為亞里斯多德帶來觀察和探究的機會。

亞里斯多德的這項發現是槓桿定律

烏爾神塔（Great Ziggurat of Ur，位於今伊拉克境內）約四千年前落成，是工程學的一項出色代表作。

阿基米德的發明

阿基米德很能善用他的力學知識。敘拉古國王希倫二世（Hieron II）委任他設計一艘巨船，那是史上第一艘豪華遊輪，能搭載六百人，船上設施包括園藝裝飾、一處健身房和一座奉祀愛情女神阿芙蘿黛蒂（Aphrodite）的神廟。為防船體滲漏必須抽水，相傳阿基米德開發出阿基米德式螺旋抽水機（Archimedes screw），這是在圓筒裡面密實安裝一螺釘狀旋轉葉的手動旋轉泵。同一種設計也用來從低窪水源打水到灌溉渠道並沿用迄今。此外另有些發明也歸功於阿基米德，包括一種鏡面拋物線排列法，可用來聚焦陽光射向敵艦並引火焚燒（見第 58 頁），還有一款用來把敵艦抓離水面的巨爪。一如過去常見的，戰爭似乎總為科學發展提供推進力量。

相傳阿基米德曾經誇下海口，說只要給他夠好的槓桿和一片立足之地，就能移動地球。這樣講原則上並沒錯。

「給我一片立足之地，我就能移動地球。」

阿基米德

的前驅，約一個世紀之後，阿基米德（c.287-212BCE）就該定律提出一項證明（不過在阿基米德驗證確認之前，該定律或許已經廣為人知）。

依其現代形式，那項證明論述支點一側的重量乘以距離等於另一側的重量乘以距離：

$$WD = wd$$

阿基米德以比率來表達這個式子，因為他不接受不同測量值（重量和距離）的乘法。依比率寫法，槓桿定律形式如下：

$$W:d = w:D$$

就連當今的部分灌溉系統，依然使用阿基米德式螺旋抽水機來運水。

動力學的問題

亞里斯多德從一個命題入手，主張物體受力才會移動，而且只要持續施力，物體便不斷移動。一個移動物體會持續移動的傾向，如今稱為動量。亞里斯多德的命題能解釋，當我們推動或拉動事物時會發生的現象，然而應用在拋射體時，這顯然就解釋不通了。當我們拋出物體、拉弓射箭，或開槍射出子彈，該物體在觸發「推動」的人或物不再與拋射體接觸之後，卻依然能夠持續移動。亞里斯多德解決了這道問題，他把「推動者」的狀態轉移給拋射體之行進介質，所以空氣會繼續為箭施力，推動它朝標靶前進。這種力是在箭一開始從弓釋出時，便壓印在空氣上頭。

希臘數學家喜帕恰斯（Hipparchus, c.190-120BCE）駁斥此說，他主張力是轉移給拋射體本身。所以，當箭鉛直朝上射出，它遠離地面的動力（或衝力）便勝過重力把它拉回地表的力量。不過這股動力自然要隨時間衰減。動力是自行衰減，並不是由於空氣阻力、重力或其他任何影響所致。當衝力等於重力之時，箭也就短暫靜止。接著它就開始下墜，隨著原始衝力衰減至零，下墜速率也逐步提增。當衝力衰減，它抵抗重力的能力也隨之減弱。等到不再有殘存衝力，箭的下墜速率便與投落的（而非拋出的）物體速率相等。喜帕恰斯的模型也能解釋下墜或投落之物體的行為。物體一開始處於一種均勢狀態，一邊是重力的向下拉力，另一邊則是手的向上推力。向上推力在物體釋放時得到補充，接著就穩定衰減，於是物體朝地面加速。這個模型同樣能說明終端速度，因為一旦物體的衝力全都衰減消失，下墜率也就隨之穩定下來。

朝上射出的箭會依循一條可預測的拋物線軌跡飛行。

哲學家約翰．費羅普勒斯（John Philoponus, 490-570）提出了一種很相像的衝力論。費羅普勒斯也號稱文法家約翰（John the Grammarian）或亞歷山大的約翰（John of Alexandria），他主張拋射體具有一種由「推動者」賦予的力，不過這是種自限的力，一旦耗盡，拋射體也就回歸常態運動模式。到了十一世紀，阿維森納（Avicenna, c.980-1037）挑剔費羅普勒斯的模型，指稱拋

靜力學

古希臘人關心的是動力學（運動的力學），而羅馬人則精通靜力學（靜態的力學）。靜力學可以說明，當作用力保持平衡，質量也就保持靜止不動的道理。這是建築學的一項基本原理，失衡的力有可能導致建築或橋樑崩塌。舉例來說，拱橋能保持撐起，完全是由於構成橋拱的石塊所施壓力完全平衡所致。中世紀和文藝復興時期的建築學，面對營造宏偉圓弧頂篷、拱門和穹頂等挑戰，這些難題都屬於靜力學範疇，而這門學問也成就出精湛的解法。

佛羅倫斯聖母百花大教堂的穹頂是菲利波·布魯內萊斯基（Filippo Brunelleschi）的建築作品，代表工程學的一項勝利——穹頂完全由它本身石塊的重量撐起來。

射體得到的並不是一種力，而是某種傾向，而且這種傾向並不會自然衰減。舉例來說，拋射體在真空中會遵循賦予它的傾向，永遠運動下去。若是在空氣中，空氣阻力最終就會勝過這種傾向。他還認為，拋射體會排開空氣，接著空氣的運動就會推動拋射體向前行進。

西班牙—阿拉伯哲學家阿威羅伊（Averroes, 1126-1198）是最早把力定義為「改變有形物體運動狀況所需做功的變率」的第一人，他還論稱：「力的作用和測量，即在於改變有阻力質量的運動狀況。」他引進了一項觀點，認為未移動物體具有抗拒開始移動的特性——如今稱為慣性——不過這個構想他只運用於天體。後來是湯瑪斯·阿奎那（Thomas Aquinas）延伸這項概念，套用於塵俗事物。克卜勒遵奉阿威羅伊—阿奎那模型（慣性一詞就是克卜勒導入的），隨後這套學理便成為牛頓動力學的核心概念。這就表示，促使牛頓動力學從亞里斯多德派動力學發展出現的兩項關鍵革新，有一項必須歸功於阿威羅伊。

十四世紀的法國哲學家讓·布里丹（Jean Buridan, c.1300-1358）把推動者

所施衝力和物體移動的速度連上關係。他認為，衝力可為直線或圓圈，後者能解釋行星的運動。他的記述和現代動量概念很像。

布里丹的弟子薩克森的阿爾伯特（Albert of Saxony, c.1316-1390）詳述該理論，把拋射體的軌跡劃分為三階段。第一階段（A － B）時，重力並無絲毫作用，物體朝著推動者所施衝力的方向運動。第二階段（B － C）時，重力重獲動力，衝力衰減，於是物體開始呈下墜趨勢。到了第三階段（C － D），衝力耗盡，重力接管並將物體朝下拉墜。

惡毒謠言

有關布里丹生平事跡，流傳到我們現代的故事有可能不盡然都是實情，不過倒是可以推知，他是個生氣蓬勃，多采多姿的人物。相傳他曾經和後來的教宗克萊孟六世（Clement VI）搶女人，而且拿了一隻鞋子敲打他的腦袋。聽說他還和王后有染，遭法國國王懲處，把他裝袋拋進塞納河淹死。

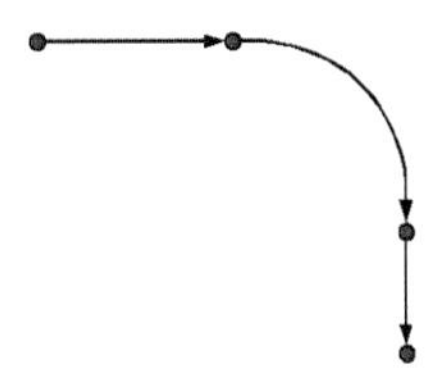

砲彈從砲口水平射出，先依循筆直路徑，接著向地球墜落。

隧道實驗

科學史上一項極其重要的臆想實驗的情節是，把一顆砲彈投落一條隧道，隧道通往地心，並從另一側地表穿出。這項實驗業經中世紀好幾位思想家討論，並發展出阿維森納和布里丹就衝力方面的相關觀點。根據設想，砲彈應該出現在世界的另一側，升高到它先前的投落高度。這是由於重力作用於砲彈，賦予衝力，並把它拉進地球，接著來到路徑

「當推動者讓物體開始運動，他也植入了某種衝力，這也就是讓物體得以朝著推動者賦予的方向運動的力，推動它朝上、下、兩側或環形移動。植入的衝力增加率，和速度增加率相等。這是由於有這股衝力，石頭在投石者不再推它之後，仍能繼續運動。不過由於空氣有阻力（還有由於石頭的重力），促使石頭朝衝力所致運動的反方向運動，結果衝力在全程不斷減弱。所以，石頭的運動會逐漸趨緩，最後衝力極度衰減，或完全消失，於是石頭的重力勝出，促使石塊朝它的天然位置運動。」

布里丹

《對亞里斯多德物理學的疑問》（*Questions on Aristotle's Physics*）

牛津計算師——功勞被奪走了

牛津計算師是十四世紀一群主要與牛津大學墨頓學院（Merton College）有關的科學家—數學家，包括湯瑪斯．布拉德華（Thomas Bradwardine）、威廉．赫特斯伯里（William Heytesbury）、理查．斯韋恩斯赫（Richard Swineshead）和約翰．鄧布爾頓（John Dumbleton）。他們鑽研瞬時速度，早在伽利略之前就奠定了落體定律的根基，而一般卻都認為這是他開創的成果。他們還記述並論證均速定理（mean speed theorem）：若一運動物體以均勻速率加速一段時間，則它移動的距離，便等於一物體以其均速行進這相等時段所移動的距離。他們是最早把熱和力等性質，當成理論上可量化處理的人，即便他們完全不知道該怎樣測量這些特質，同時他們也建議使用數學來處理自然哲學問題。不幸的是，中世紀牛津學者經常嘲笑他們的研究太過深奧，後來那個群體就此銷聲匿跡。

出口時，這股衝力也足夠用來抵消重力。當砲彈來到它原本投落的高度時，衝力也隨之耗盡，於是砲彈便再次下墜，並依循這相同模式，產生一種振盪運動。這是十七世紀物理學裡舉足輕重的振盪運動，頭一次被納入動力學研究。

一項著名的臆想實驗，將砲彈投落筆直穿過地球。

隧道實驗改動後可解釋擺的擺盪——它可被視為隧道實驗之縮影。擺被拉向最低點（水平中點），它獲得的衝力，推動它繼續朝側向（不過也朝上的）路徑前進，最後這股力耗盡，於是擺也被拉回並恢復衝力，不過這次是朝另一個方向行進。就亞里斯多德動力學，以及喜帕恰斯和費羅普勒斯的模型而論，擺是種難以理解的反常現象。擺下墜之後沒有理由再次上升。到了這時才終於出現了一種解釋方法。

古典力學正式誕生

十六和十七世紀的科學家戮力求解從拋射體到恆星等物體的運動現象。早期

動力學研究經嚴苛檢視並以新解取代，這主要是義大利的伽利略和英格蘭的牛頓努力所得成果，不過克卜勒等天文學家也做出了重大貢獻。

伽利略的滾球實驗

伽利略早年就對亞里斯多德派物理學心懷質疑。甚至才十幾歲在比薩就學期間，他就有辦法駁斥亞里斯多德重物下墜速度高於輕物的主張，他舉證說明大小不等而且想必是從相等高度下墜的冰雹會同持觸及地表。（當然了，這是個假的證明，因為他不可能知道，冰雹是不是同時開始下墜。）他還論證，砲彈擊中目標時，若其高度與脫離砲口時相等，則其速率亦與脫離砲口時相等。

伽利略對拋射體和落體特別感興趣。不過他恐怕並沒有真正執行他著名的斜塔實驗，相傳他從比薩斜塔拋下不等重砲彈，來證明它們都以等速下墜——實際上這比較可能只是個臆想實驗。不過不論他有沒有進行，透過執行實驗來測試一項觀點，並使用所得結果來作為支持科學陳述的證據，這樣的概念正是伽

笛卡兒和機械論觀點

笛卡兒基本上是最早提出世上存有永遠不變之自然律的第一人。他發展出一種機械觀，靈感得自一位他在 1618 年結識的業餘科學家，擁護機械論哲學的荷蘭人，艾薩克．貝克曼（Isaac Beeckman, 1588-1637）。笛卡兒嘗試以依循物理定律運動的物質微粒的大小、外形和作用，來解釋整個物質世界，包括有機生命。他甚至還認為，人體是一種機器，不過靈魂則排除於他的機械論基礎架構之外。就他所見，上帝是主要的推動者，提供宇宙所需動力，不過隨後宇宙就如鐘錶裝置般，依循物理定律自行運轉。他認為，不論任何系統，只要知道初始條件，其最後結果都是可以預測的。

笛卡兒認為具有生機的生命就如鐘錶裝置般，依循物理定律運行。

伽利略恐怕從來沒有從比薩斜塔投落砲彈，不過這種想法長久以來引人矚目。

利略的核心實踐做法，往後也會成為科學方法的根本。

伽利略並沒有登上危險高度來投落砲彈，不過他以不等重量的球體滾落斜坡來進行實驗。在那個時代，裝了第二支指針的鐘錶還沒有問世，做實驗時要想準確測定時間可不容易。伽利略使用一座水鐘和他自己的脈搏來測定球體滾到斜坡末端所需時間，結果也證實，重力對輕重物體的影響是相同的。這悖逆了亞里斯多德的教誨，顯然也違反常識。不過伽利略指出，當我們看到一片羽毛或一張紙的下墜速率低於砲彈的表現，這並不是由於重力對較輕物體影響較弱，而是空氣阻力減緩下墜所致。

滾球實驗還驗證了另一件事情。由於伽利略把斜坡的斜率愈減愈小，最後他終於想到，若是沒有力來制止滾動，在水平面上滾動的球，就會永遠滾動下去。這同樣悖逆了亞里斯多德的教誨。而且看來同樣違反直覺——推動磚頭在桌面前進，一旦不再推它，磚頭就立刻停止，而且就算是帶輪子的手推車，過一陣子之後也會停下來。伽利略正確指出了是哪種力制止運動——摩擦力。他發現了除非予以制止，否則運動就會延續下去，詮釋時卻犯了個錯；他假定，既然地球不停轉動，則慣性運動就總是會產生一種圓形路徑。這得等笛卡兒來論證，除非施予某種力，來改變移動方向，否則運動的物體會持續以直線行進。

停止與啟動

慣性是物體抗拒開始移動的性質。慣性必須先予克服，運動才能開始。動量是物體接受初始衝力，開始運動之後會

月球上的伽利略實驗

1971 年，阿波羅 15 號太空人示範驗證伽利略一項有關落體的說法是正確的。在沒有大氣（因此沒有空氣阻力或升力）的情況下，從相等高度同時投落的下墜物體，不論輕重或形狀為何，都會同時觸地。太空人以一根羽毛和一支地質鎚來做這項演示。

伽利略．伽利萊

伽利略自小在家接受教育，到了十一歲才被送往一處修道院接受比較正規的教導。結果卻讓他的父親驚駭不已，伽利略喜歡上了修道院生活，十五歲就決定當個新手修士。所幸（就科學史來講），他染上眼疾，於是他的父親帶他回到佛羅倫斯接受治療。伽利略始終沒有回到修道院。伽利略在父親鼓勵下進入比薩大學就讀，主修醫學，不過他很快就受數學吸引，分心旁騖，對他的醫學課程鮮少投注心思。他在 1585 年離校，並沒有拿到學位，不過四年過後，卻以數學教授身分回校。

伽利略的薪水以教授來講算很低，他的貧困處境在父親死後又更惡化了。（父親生前答應給伽利略的妹妹豐厚嫁妝，最後卻食言了。）他在 1592 年爭取到帕多瓦大學擔任數學教授職位，學校名望和薪水都比較高。不過他依然為錢煩惱，於是投入發明來貼補家計，他先開發出一種溫度計，不過賣得並不好，接著是一種機械式計算器，這確實為他賺了一些錢，撐了一陣子。到了 1604 年，伽利略和克卜勒合作檢視一顆新的恆星（實際上是顆超新星），約 1608 年時，他論證拋射體的行進路徑是一條拋物線。1609 年，伽利略開始自行製造望遠鏡，接著在那一年期間，大幅改進其性能，達到當時現存設計之放大倍數的三到二十倍。他寄送一台儀器給克卜勒，供他使用來驗證伽利略的天文學發現。他的這些發現，好比木星的衛星群和金星的位相（見第 161 頁），支持哥白尼的地球繞日觀點（日心說），駁斥太陽繞地運行之說（地心說）。由於這項觀點違反天主教會教義，所以伽利略在多年期間都戒慎恐懼，不輕易發表、出版所見，接著在 1616 年，他遭禁止宣揚或講授日心模型。到了 1632 年，他獲准就此課題發表一部均衡的論述，書名為《關於兩大世界體系的對話》（*Dialogue Concerning the Two Chief World Systems*），不過內容明顯偏向反對地心說，於是伽利略在 1634 年受審判為異端，遭軟禁度過餘生。他在隱居期間，完成了他的《關於兩門新科學的對話與數學證明》（*Discourses and Mathematical Demonstrations Concerning Two New Sciences*），書中他詳述科學方法並論稱，宇宙是由能化約為數學的定律所支配，並且可以憑人類智慧來認識。

保持運動的傾向。當物體承受與其運動方向相反的作用力而減慢並停止，同時它也失去動量。亞里斯多德、喜帕恰斯、費羅普勒斯和阿維森納的動力學研究，主要都處理類似動量以及其流失的課題——物體如何在初始衝力之後繼續移動，接著就停止移動的事項。然而他們並沒有正確說明，物體為什麼停止移動。波斯物理學家引述先天靜止傾向（inclinatio ad quietem）來解釋，受衝力啟動的運動，為什麼最後都要停下來。靜止傾向是定義慣性的好法子，最早描述慣性的人是阿威羅伊，不過這卻不是物體停止移動的好理由。

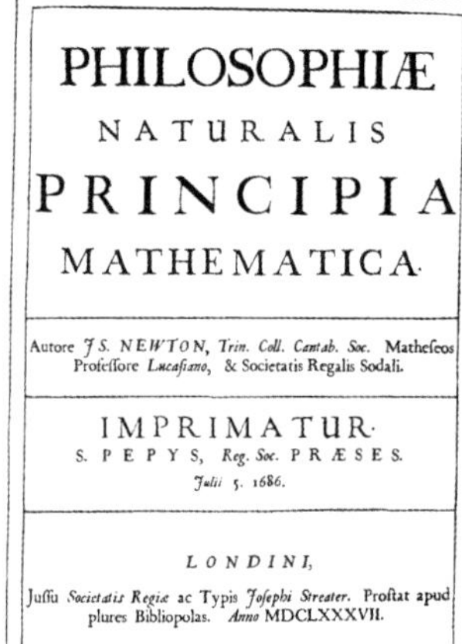

PHILOSOPHIÆ
NATURALIS
PRINCIPIA
MATHEMATICA.

Autore J S. NEWTON, Trin. Coll. Cantab. Soc. Matheseos Professore Lucasiano, & Societatis Regalis Sodali.

IMPRIMATUR.
S. PEPYS, Reg. Soc. PRÆSES.
Julii 5. 1686.

LONDINI,
Jussu Societatis Regiæ ac Typis Josephi Streater. Prostat apud plures Bibliopolas. Anno MDCLXXXVII.

牛頓的《原理》或許是有史以來最具影響力的科學書。

最後出現了一項決定性實驗，令人開始懷疑慣性是否真的是種減緩運動的力，那項實驗是在 1640 年由伽桑狄在一艘向法國海軍借來的槳帆船上完成。那艘槳帆船由槳手以最高速在地中海上划動，同時從桅杆杆頂向下投落砲彈。砲彈每次投落，都碰觸甲板同一定點——桅杆根部。砲彈並不因船隻向前運動而被留在後方。這就證明，當物體開始朝某方向運動，除非承受某種力而不再移行，否則它都會繼續朝該方向前進。由於沒有力量制止砲彈向前運動，因此它可以跟上槳帆船，而且在它向下運動時依然持續前行。伽桑狄一直深受伽利略和他推廣實驗方法的影響。

大師之言

1660 年代，在牛頓構思出運動三定律之後，支配物理學超過兩百年的古典力學形式，有時也被稱為牛頓力學。三定律包括慣性定律、牛頓關於加速度的第二定律，以及作用力和反作用力定律。他在《自然哲學的數學原理》書中探討第二和第三定律，這部著作在 1687 年發表，一

牛頓的運動定律

第一定律：除非受力改變速率或方向，否則物體都以均速直線運動或保持靜止。

第二定律：施力產生的加速度與物體質量成正比（$F = ma$, 或 $F/m = a$）。

第三定律：力的所有作用都會產生大小相等，方向相反的反作用。（舉例來說，火箭向後排氣，同時獲得大小相等的向前推動力。）

這些定律是能量守恆定律、動量守恆定律和角動量守恆定律的一部分。

般逕稱之為《原理》（*Principia*）。牛頓的偉大突破在於，他運用一套他發展出的微分學數學體系，提出了一部有關力學的詳細論述。

運動和重力

牛頓陳述了動量和角動量守恆原理，還在他的萬有引力定律當中提出重力公式。這說明了宇宙間所有具質量的微粒，都會吸引其他所有具質量的微粒。這種引力就是重力。當蘋果從樹上墜落，它是受了重力吸引才向下朝地球墜落，不過在此同時，蘋果也對地球施予它微弱的重力。兩物體間的重力強度，與雙方間距平方成反比。1687 年發表的重力定律，讓重力成為第一種以數學描述的力。牛頓制定該定律時，頭一次論證全宇宙都接受相同定律的支配，而且這些定律都是可以模型化的。

牛頓的運動定律和重力定律除了能運用於天體之外，也同樣適用於日常物品。這些定律能解釋我們周遭世界大半可見的運動，唯有當物體以逼近光速運動，或尺寸極端微小時，才不再適用，不過這兩種可能性在牛頓的時代是看不到的，因此也毋須他操煩。牛頓的定律能解釋伽利略的種種發現，包括他的不等重砲彈臆想實驗，還有克卜勒有關行星依循橢圓軌道運行的記載。在牛頓的宇宙中，所有物體的運動都可以預測，只要給定該物體質量和施加其上的力的資訊即可。

宇宙試驗場

牛頓擬出新定律之後，還指出如何循此來解釋太陽系行星的運動，從而得以驗證定律。他指出，地球軌道的曲率是朝向太陽的加速度造成的，而且行星的軌道取決於太陽的重力。他的解釋為克卜勒較早期提出的論述（見第 158 頁）奠定根基。天體力學——研究天體運動和天體所受作用力的學問——確立成為物理學理論測試場。往後幾個世紀期間，我們以牛頓定律為本，把行星所施重力場納入計算，從而改進了對行星運動的認識。牛頓明白，行星軌道和他計算出的應有樣式並不完全相符，而且他堅決相信，每隔幾個世紀，都必須有神力介入，好讓萬象回歸正軌，把招惹是非之物——木星和土星——擺回它們的正確位置。

後來是法國數學家暨天文學家皮埃爾—西蒙·拉普拉斯（Pierre-Simon

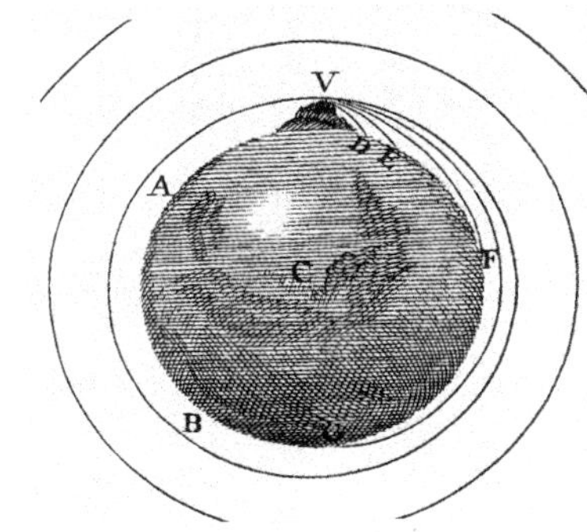

牛頓《世界系統論》（*A Treatise of the System of the World*）的圖解，顯示該如何把砲彈射進軌道。

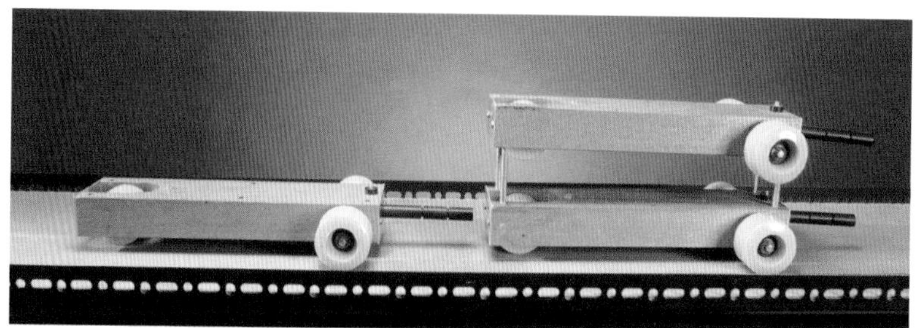

以木製滑車滑落坡道，很容易就能複製伽利略的斜坡實驗，這是許多學童都知道的做法。

Laplace, 1749-1827）以牛頓定律的架構，研究出這當中到底發生了什麼現象。

空氣和水

有些力一望即知——好比我們一推玩具卡車它就會動——另有些就不那麼明顯可見。作用於物體的氣壓或水壓，有可能推動該物體、導致變形或甚至於摧毀該物體。流體的作用，有別於行星或蘋果等物體的作用方式。流體能流動，沒有固定形狀，而這也就表示，它所施加的力，和固態物體施加的力是不同的。即便如此，觀看流動的或下墜的液體，仍有可能理解它所施加的部分力。要觀察、研究氣體的行為就稍微困難一點，因為大半氣體都是肉眼看不見的。從強

艾薩克·牛頓

牛頓生於1642年聖誕節（格列高里曆之前的算法），是個早產兒，當時料想他是活不下來的。童年時期他在學校被貼上遲緩、怠慢標籤，進入劍橋之後依然表現平庸。大學在1665年大瘟疫期間關閉，這段期間牛頓只能待在林肯郡（Lincolnshire）家中。他就在這時寫出了他的運動定律的第一份草稿，領悟出他最早的重力洞見。回到劍橋之後，他在1669年二十七歲年紀輕輕就獲聘任坐上盧卡斯數學教席。他論證演示白光是以完整頻譜構成，還發展出微分學——不過緊接著他就陷入一場作品孰先孰後的論戰，因為哥特佛萊德·萊布尼茲（Gottfried Leibniz, 1646-1716）也獨立發展出這相同體系。牛頓寫了兩部重要著述，《原理》和《光學》。他素有好辯、自負的惡名，經常和其他科學家發生齟齬，也是虎克的宿敵。

風吹倒林木，摧毀建築，我們就能看出氣流能發揮何等威力，不過要想拿風來做實驗就比較困難。

落葉並不直接墜往地表，因為它的質量小，表面積大，很容易被風帶著飄走。

阿那克薩哥拉以內裝空氣的球形密閉容器壓進水中，公開做實驗來論證氣壓確實存在。他在容器底部鑽了小洞，裡面卻沒有進水，因為裡面已經裝滿空氣。阿那克薩哥拉並沒有把他的研究延伸到大氣壓力，不過他倒是驗證了如何以空氣阻力來解釋葉片為什麼飄在空中。阿基米德構思理論來說明，浸入水中的物體會承受一股向上的力，而且其強度與它所排開的水的重量相等。

亞歷山大的希羅（c.10-70）將氣壓、水壓和蒸汽壓力實際派上用場，他發明了一種風輪來驅動風琴，以及最早的蒸汽引擎。他還創造出一種自動門：空氣經祭壇火燄加熱用來排水，接著集水並利用水重來拉動繩索，開啟門戶。希羅還發明了最早的自動販賣機，甚至還擺出一幕自動傀儡戲。自動販賣機能分配定量聖水。放入的硬幣落於盤上，盤子傾斜開啟活門讓水流出。當硬幣從盤子跌落，就會有一個配重切斷供水。傀儡戲由一組繩索、繩結和簡單機械系統驅動，整組機件都由一個圓筒形旋轉鈍齒輪來操作。

自古以來我們知道，泵水約可以達到 10 公尺，再高就泵不上去了，這是歷經嘗試錯誤的發現。到了 1640 年代，科學家開始把這種現象和大氣壓力聯想在一起。義大利數學家加斯帕羅．貝爾蒂（Gasparo Berti, 1600-43）在 1640 年左右無心插柳製作出一件水柱氣壓計，還發現在密閉長管裝水倒置盤中，水柱便固定於 10.4 公尺高度，並在管頂留下中空（真空）段落。另一位義大利物理學家喬凡尼．巴里亞尼（Giovanni Batista Baliani, 1582-1666）在 1630 年便已發現，他用虹吸管吸水無法超過這個高度，並請伽利略解釋箇中理由。伽利略說明，水受真空撐起，而真空撐不起超過 10 公尺高的水重。在那個時代，包括伽利略在內的多數人都認為，空氣本身不帶絲毫重量。

汽轉球是亞歷山大的希羅設計的早期蒸汽機；蒸汽排出促使頂部球體旋轉。

從水到水銀

DANIELIS BERNOULLI Joh. Fil.
Med. Prof. Basil.
ACAD. SCIENT. IMPER. PETROPOLITANÆ, PRIUS MATHESEOS SUBLIMIORIS PROF. ORD. NUNC MEMBRI ET PROF. HONOR.
HYDRODYNAMICA,
SIVE
DE VIRIBUS ET MOTIBUS FLUIDORUM COMMENTARII.
OPUS ACADEMICUM
AB AUCTORE, DUM PETROPOLI AGERET, CONGESTUM.

ARGENTORATI,
Sumptibus JOHANNIS REINHOLDI DULSECKERI,
Anno M D CC XXXVIII.
Typis Joh. Henr. Deckeri, Typographi Basiliensis.

白努利的《流體力學》，第一部流體力學著作的扉頁。

托里切利（1608-47）是伽利略的朋友和學生，他在1644年論稱空氣其實具有重量，而且正是空氣的重量向下對盤中水施壓，才讓管中水柱保持10公尺高度。由於當時謠傳托里切利施行巫術，因此他的實驗只能在暗中進行，他必須找一種比較緻密的液體，好讓水柱固定於較低水平。他想到可以使用水銀，水銀密度是水的16倍，柱高只有65公分，比較不會引人注目。法國數學家暨物理學家布萊茲．帕斯卡（Blaise Pascal, 1623-62）使用一件水銀氣壓計來重做托里切利的實驗，他還更進一步，要求姊夫攜帶儀器上山並在那裡進行測試。結果發現，水銀在高海拔處液面低了一些，帕斯卡歸納出正確結論，認為那裡的空氣重量較輕，施加的壓力較低。根據這項發現，他推斷，隨著海拔提高，氣壓也會持續降低。到了某處定點，不再有空氣，所以地球大氣層之外只有真空。為了紀念他的功績，如今壓力的測量單位便命名為帕斯卡（Pa），一帕斯卡相當於每平方公尺一牛頓。

葡萄酒氣壓計

帕斯卡發現了他的氣壓計的運作原理之後，便著手測試亞里斯多德派物理學家抱持的信念：管中「空無」段落裝滿了液體釋出的蒸汽，因此會把液柱向下壓。（他們厭棄管子頂部留有真空段落的觀點。）由於當時認為，葡萄酒釋出的蒸汽多於水，因此他選擇用葡萄酒來進行一場公開演示。他請亞里斯多德派學者先期預測會發生什麼現象。他們主張，葡萄酒柱有更多蒸汽把它向下壓，因此會比水柱低一些。事實證明他們錯了，帕斯卡的解釋獲勝。

流體動力學

儘管人類駕馭流體運動已經歷時數千年，卻是直到十八世紀中期，才開始對它有些認識。荷蘭－瑞士數學家丹尼爾．白努利（Daniel Bernoulli, 1700-82）研究液體和氣體的運動，並在1738年發表他的前瞻性著作《流體力學》（*Hydrodynamica*）。他發現高速水流施壓低於低速水流，這項原則也可以拓展到任何流體，不論液體或氣體都涵括在內。若白努利以一根鉛直細管，穿過較粗的橫向水管管壁並插入管中，當橫管通水，水就會從窄管上升。粗管水壓

愈大，窄管水位就升得愈高。若水管再收窄一些，流動液體的壓力就會提高。倘若水管收窄至先前管徑之半，則依適用的平方定律，壓力便達四倍。

白努利對他所得結論的陳述，如今稱為白努利定理：液體流經管內部之任意定點時，某給定液體質量的動能、位能和壓力能之總和恆定不變。這和能量守恆定律是等價的。白努利定理背後的現象讓飛機能夠升空飛行，讓我們能預測天氣，並協助我們模擬恆星和星系內的氣體環流。

白努利在父親堅定要求下接受了醫師訓練，對人體血流深感興趣。他設計了一種測量血壓的做法，進行時需把一根毛細管插入血管，並測量血液流入管中能升得多高。這種令人不舒適的侵入式血壓測量法沿用至1896年，總計超過一百五十年。

統合液體與質量

物質的原子組成說廣受採信之前，固體行為完全不可能以任何合理方式來與液體行為相提並論。一旦真相明朗，液體和氣體都是以分子所組成，這時我們就能理解，原來水壓和氣壓都是運動微粒對所接觸之其他物體施力所致的結果。當然了，最後是在布朗運動也見到這種現象，才終於證明原子存在（見第32頁）。到了二十世紀早期階段，物質的原子模型終於獲得舉世認可。就在這個時候，牛頓力學也開始出現裂痕。

沿用至二十世紀晚期的機械式血壓測量法。

讓力學發揮作用

十八、十九世紀工業革命期間，工業、農業和運輸業的機械化，徹底翻轉了歐洲和北美洲的生活方式。大量人口從鄉村轉入城鎮，機器促成商品批量製造，取代了先前需要大量農耕人力的農務工作，還更有效地載運商品、食品和人員四處移動。完善機械裝置的需求，驅動科學進步。詹姆斯・哈格里夫斯（James Hargreaves）在1764年製造出珍妮紡紗機（Spinning Jenny），使用簡單機械以單一轉輪來驅動八組錠子。英格蘭的湯瑪斯・阿克萊特（Thomas Arkwright）在1771年開發出以流水驅動的水力紡紗機。最早的蒸汽動力裝置是幫浦，不過有了詹姆斯・瓦特（James Watt）大幅改良的蒸汽機，蒸汽動力就能用來做許多不同的工作。這些發明都不是物理學家開

創的成果，而是必須完成實務工作，投入尋找實務解決做法的實務界人士所做出的。這些解法都不是源自理論，而是經由觀察和靈感發展而來。科學很快介入，協助解釋並改進工業革命的機械裝置，延續至今。

讓牛頓力學站上新的立足點

牛頓定律為古典力學奠定基礎，接著在後續幾個世紀才又進一步擴充、發展。瑞士數學家暨科學家李昂哈德・歐拉（Leonhard Euler, 1707-83）把牛頓定律適用範疇從微粒拓展到鋼體（有限尺寸的理想化固體），而且擬出另兩則定律，來解釋物體內部的內力不必然均衡分布。歐拉的最小作用量原理（principle of least action）（說明大自然很懶！）具有多種物理用途——特別是光遵循最短傳播路徑。才華橫溢的義大利——法國數學家約瑟夫—路易・拉格朗日（Joseph-Louis Lagrange, 1736-1813）在歐拉之後繼任柏林科學院院長（即普魯士科學院）職位。他協助把牛頓死後一世紀間牛頓力學的所有發展集結起來，重新彙整為拉格朗日力學。拉格朗日十九歲時開始撰述《分析力學》（*Méchanique analytique*），直到五十二歲才完成，書中以他自己的數學體系為本，綜合論述這段歲月中出現的所有進展。他考慮一個力學系統在進程中所有可能發生的變動，並以微積分描述這些變動的極限。拉格朗日方程論述一系統的動能與其廣義座標（generalized forces）、廣義力（generalized force）和時間的關係。他的書不含圖解——這對談力學的書來講，是個了不起的成就；他的做法是排除幾何學，只使用微積分。他的論述處理動能和位能的純量函數，並不從力的累積、加速度和其他向量入手，從而簡化了許多力學計算。

歐拉和拉格朗日也都著手處理流體力學，不過分採不同途徑。歐拉描述流體所含微粒的運動，拉格朗日則把流體切割，分析各區段的軌跡。

還有一位數學家也對現代實用力學做出重大貢獻，他是愛爾蘭貴族，威廉・哈密頓（William Rowan Hamilton, 1805-65）爵士。他在他 1835 年的專論《論一種通用的動力學做法》（*On a General Method in Dynamics*）書中，以動量和位置來表述一系統的能量，把動力學簡化為一道變分學問題。他以哈密頓方程重新表述古典力學，所得成果有時也稱為哈密頓力學。在構思期間，他發現了牛頓力學和幾何光學之間的一項密切關連。過了將近一百年，等量子力學崛起之後，他所得成果的完整意涵才真正彰顯。

慣性和重力相互融合

從牛頓的慣性定律、重力定律陳述到

愛因斯坦的相對論之間，還出了一位奧地利物理學家，恩斯特．馬赫（Ernst Mach, 1838-1916）。牛頓認為空間就是個可供描繪運動現象的背景。馬赫不同意這點，他表示，運動永遠和另一件物體或定點相對。就像愛因斯坦，他也認為唯有相對運動才有道理。這樣一來，要想解釋慣性，就必須有能用來比對一物體之運動或靜止狀態的其他物體才行。舉例來說，倘若沒有恆星或行星，我們就沒辦法分辨地球有自轉現象。馬赫原理——他自己並沒有表示這是個原理，那是後來愛因斯坦起的名字——陳述相當籠統，類似「那裡的質量會影響這裡的慣性」。如果「那裡」沒有質量，那麼「這裡」就不會有慣性。

威廉．哈密頓爵士

哈密頓自小表現過人才氣，三歲學會閱讀，五歲能翻譯拉丁文、希臘文和希伯來文，十一歲編纂出一部敘利亞語文法書，到十四歲時還以波斯文寫出一篇歡迎詞，迎接來都柏林訪問的波斯大使。哈密頓的數學和天文學天分十分出眾，大學階段就獲選為天文學教授以及皇家天文學家。他喝酒喝得很凶，而且儘管他的工作大半都在自宅餐室進行，他卻除了羊排之外，幾乎什麼都不吃。他死後，他的眾多論文上頭還疊放了幾十個裝了羊骨的餐盤。他的成就涵括數學、天文學、古典著作、動力學、光學和力學。

大小之別

儘管牛頓力學似乎很適用於宇宙間較大物體，不過一旦採用來解釋非常微小的事物時，它就開始失靈。物理學家發現了原子和次原子粒子之後，他們意識到，原本認為對萬物一體適用，恆定不變的物理定律，似乎不再那麼適用。最小的微粒會表現奇特的行為。對物理定律好不容易才建立起來的信心逐漸破滅，到了二十世紀，這些定律都要經歷嚴苛的審查。

結果發現，牛頓的構想並不適用於原子，事實證明他的學理不能用來解釋整個宇宙，物質在非常小尺度會表現出非常令人訝異的舉止。古典力學在原子尺度、在接近光速，還有在強烈重力場內，都要遇上它的極限。檢視原子還有原子如何違抗自然定律之前，首先我們必須稍退一步，回頭檢視能量——也就是運動質量方程的另一半。

第四章

能量——場和力

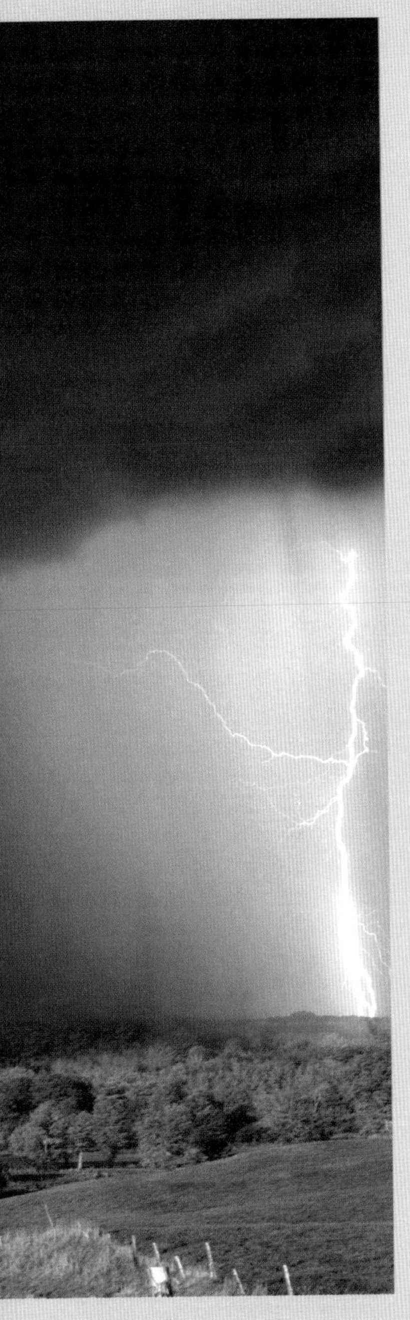

當力發揮作用移動質量，在我們看來，當中顯然會牽涉到能量。所以考量到自古以來對於力的所有關切，早期自然哲學家卻大多輕忽遺漏能量，這似乎很令人詫異。能量概念是比較新近的想法，到十七世紀方才出現。確實，「能量」一詞（出自亞里斯多德創制的希臘文 energia）直到 1807 年才由（進行雙狹縫實驗的）天才博學家湯瑪斯．楊引進它的現代意義。能量最顯眼的形式是光和熱，兩者都從太陽免費取得。人類還駕馭了（燃燒燃料釋出的）化學能、落體的重力能、風和流水的動能，以及最近的電能和核能。

閃電和風代表大自然的大規模能量爆發，毀滅力量令人生畏。

能量守恆

就如物質具有不生不滅的守恆性質，能量也是守恆的。能量可以從一種形式轉換成另一種——這就是我們駕馭能量來作功的手法——卻永遠不會真正消耗掉。伽利略注意到擺把重力位能轉換成動能或運動能。擺錘盪到最高點時會靜止片刻，這時其位能也達到最高。接著擺錘移動，位能轉換成動能，接著擺錘擺盪到另一側攀高，同時它也重獲位能。

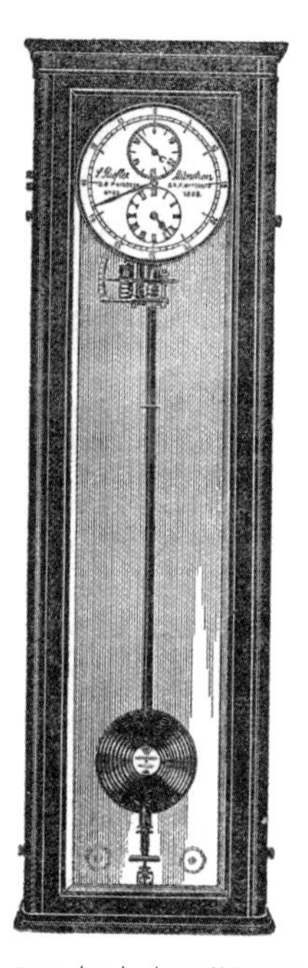

擺鐘最早在 1656 年由惠更斯開發問世：擺的擺動時間始終等長。

發明「能量」

不同類能量是等價的，卻不是那麼顯而易見。即便到了今天，我們對於能量究竟是什麼，還有它如何發揮作用，

「有一項事實，或也可以說是一則定律，支配現今所知的所有自然現象。這則定律沒有任何已知例外——它就我們目前所知都是精確無誤的。這則定律稱為能量守恆。它說明，有某一種量值，我們稱之為能量，在自然經歷的種種改變中都固定不變。那是個極抽象的概念，因為那是個數學原理；它說明，有種數量在某種現象發生時並不改變。這並不是在描述一種機制或任何具體事物；它只是個奇異的事實，首先我們算出某個數，然後我們看著大自然演完她的把戲後並再次算出那個數，結果是相等的。」

美國物理學家理查・費曼（Richard Feynmann），1961 年

溜冰選手把雙臂收攏貼近身體就能加快轉速，伸展四肢就能轉得慢些。

也沒有根本的認識。德國數學家萊布尼茲以數學表述解釋了不同類能量間的轉換現象，他稱之為「生機之力」（vis viva）。他的著述以及荷蘭數學家暨哲學家威廉·赫拉弗桑德（Willem Gravesande, 1688-1742）的觀測結果，都經法國物理學家埃米莉·沙特萊侯爵夫人（Marquise Émilie du Châtelet, 1706-49）修正，而且沙特萊侯爵夫人還定義運動物體的能量，認為物體之動能和其本身質量與速度平方之乘積成正比。現有動能定義與此非常接近：

人類用火數千年，卻不明白箇中運作原理。

$$E_k = {}^1\!/_2\ mv^2$$

掙扎認識火

早期有關東西如何、為何燃燒的理論都集中探究可燃物質的一種假想成分，稱為燃素。物質燒盡時，燃素便逃逸無蹤。真正來講，這種理論說明的並不是能量，而是火促成的物理和化學變化。這項理論最早在1667年由鍊金術士約翰·貝歇爾（Johann Becher, 1635-82）提出。他審視上溯至恩培多克勒（見第20頁）的種種古代模型，修訂了物質含土、風、水、火四元素之說，並以石狀土（terra lapidea）、流質土（terra

永動機

能量守恆原理似乎隱指我們有可能造出永動機：使用本身所產生的能量來保持自身運作，不斷循環利用它所含不同形式的能量。這種構想最早約在1150年由印度數學家婆什迦羅（Bhaskara, 1114-85）提出，他曾描述一種輪子沿著本身輪輻投落重物，從而推動本身轉動。就連理當有更高明見識的波義耳，也曾提出一種能不斷為杯子裝滿、清空水的系統。不過，所有永動機概念肯定都要失敗，因為摩擦力和低落效率都會導致能量流失。十八世紀時，法國皇家科學院和美國專利局由於永動機申請、企劃案如排山倒海而來，令他們不堪其擾，於是禁收這類申請案。

fluida）和油質土（terra pinguis）三種土取而代之。1703 年，德國哈勒大學（University of Halle）醫學和化學教授格奧爾格．斯塔爾（Georg Ernst Stahl, 1660-1734）稍事修改這個模型，並把油質土改名為「燃素」。

拉瓦節設於巴黎的實驗室。

燃素據稱是物質燃燒時釋出的無臭、無色、無味的東西。燃素完全釋出之後，燃盡的物質之秉性一般就出現變化，例如木材燃盡便化為灰。然而，倘若燃燒是發生在密閉空間，由於空氣會充滿燃素，因此物質有可能不會完全燒光。有時金屬燃燒或受熱之後質量會增加，這解釋起來就有點困難（如今我們知道這是由於它們會形成氧化物），不過就此燃素論者有種巧妙的解釋。他們宣稱，有時燃素沒有重量，有時有正重量，有時甚至有負重量，所以失去燃素其實還可能增多燃燒物質的質量。燃素也連帶牽扯到生鏽現象和生命系統——生命在有東西燃燒且「添了燃素」的空氣中是無法存活的，而且鐵在裡面也不會生鏽。這個理論一直沿用下來，最後是拉瓦節（見第 30 頁）驗證，物質燃燒或鏽蝕是與氧結合所致，之後燃素說才被推翻，改以化學解釋。這和生命歷程有關係——呼吸也需要氧——這項領悟是化學過程位於生命核心的第一條線索。

格奧爾格．斯塔爾。

早期以燃素來解釋燃燒的化學過程，隨後改用氧來說明，然而熱本身卻依然神祕難解，直到 1737 年，沙特萊侯爵夫人提出見識才化解，隨後經確認，她所提現象就是紅外輻射。

沙特萊侯爵夫人，卡琵耶勒・埃米莉・樂・透訥里也・德・布列特伊（Marquise du Châtelet, Gabrielle Émilie Le Tonnelier de Breteuil, 1706-49）

沙特萊侯爵夫人出身法國貴族世家，她長得太高，父親認為她恐怕嫁不出去。於是他為這個女兒聘請最好的家庭教師（她十二歲時就能講六種語言），還讓她在物理學和數學的興趣當中縱情悠游。她的母親反對這樣做，想送她進入一家女修道院，所幸父親的觀點佔了上風。埃米莉對賭博產生興趣，她運用數學來提高她的賭贏機率，接著使用她贏來的錢來買書，購置實驗室設備。

埃米莉後來還是結婚了，而且生了三個孩子。由於她的軍人丈夫經常離家出征，或前往巡視他的眾多產業，因此她能自由追求科學知識並結交愛人——或許還包括作家暨哲學家伏爾泰（Voltaire）。伏爾泰的真名是弗朗索瓦—馬利・阿魯埃（François-Marie Arouet），肯定是她的親密求知伴侶，而且很久一段時間，他都待在沙特萊侯爵夫人位於布萊斯河畔西雷的莊園裡，兩人共用一間實驗室。埃米莉完成牛頓的《原理》譯本，還寫了一本《物理學教程》（*Institutions de physiques*, 1740），試行融通調合牛頓和萊布尼茲的觀點。1737 年，她以一篇探究火之特性的論文參加法國科學院徵文賽。文中她論稱，光的不同色彩分具不同熱力，為確立紅外輻射埋下伏筆。她並沒有在這次徵文獲勝，不過她這篇論文仍經公開出版。

她有一項實驗將砲彈投落於濕黏土床。她發現，若速度加倍，砲彈陷入黏土便達四倍深，顯示力的強度和質量與速度平方之乘積（$m \times v^2$）成正比，駁斥了牛頓的質量與速度之乘積的說法。

在科學專屬男性的時代，沙特萊侯爵夫人是位出色的女性物理學家。

倫福德伯爵一項以砲管來進行的實驗。他指稱熱是分子的運動，而且能以摩擦產生。

熱力學

蒸汽機以及其他許多出現在工業革命期間的動力機器發展，代表對熱力學相關認識的需求日漸殷切——熱如何生成、轉移，還有如何駕馭來實際作功。有關熱之本質在十八世紀出現了兩項新理論，雙方並不完全互斥，只是同床異夢：熱質模型（caloric model）和熱的力學模型（mechanical model of heat）。

力學模型是以纖小微粒的運動為本。氣體的動力理論根源自白努利在 1738 年發表的《流體力學》一書。他指稱，氣體是以運動的分子所組成。分子轟擊表面時，產生的作用就是壓力；它們的動能經感覺為熱。這是如今仍為人採信的模型。

熱質模型指稱，熱是一種物質，一類具有堅不可摧之微粒的氣體。熱的原子——或就是熱質——能與其他物質的原子結合，或者能自由活動並能溜進其他物質的原子之間。拉瓦節顛覆燃素說，

> 「我確信熱質不存在，就如我確信光存在。」
>
> 漢弗里・戴維
>
> （Humphry Davy），1799 年

冷凍

從前大家假定熱是熱質生成的結果，相同道理，1780 年代一些科學家也認為，冷是出現了一種號稱「冷質（frigoric）」的物質所帶來的特性。瑞士哲學家暨物理學家皮埃爾．普雷沃（Pierre Prévost, 1751-1839）質疑這種說法，他表示，冷完全是沒有熱的情況，還在 1791 年驗證演示，任何物體不論看來多冷，全都會放射若干熱量。

提出了存有熱質的觀點。他認為，熱質原子是氧所含成分，釋出時會生成燃燒熱。當摩擦生熱時，運動物體的熱質原子被摩擦掉，因此會生熱。

美國誕生的物理學家，倫福德伯爵，班傑明．湯普森（Benjamin Thompson, Count Rumford, 1753-1814）進行了一項實驗，並秤量冰的重量，接著讓冰融解並再次秤重。他發現，秤得的重量並沒有可區辨的差異，暗示融解冰塊並沒有增加熱質。不過支持熱質模型人士駁斥指稱，熱質的質量微不足道。倫福德伯爵的另一項觀測作業發現，在金屬鑽洞，好比鑽製砲管，能產生大量熱，這項成果加上英國化學家漢弗里．戴維（Humphry Davy, 1778-1829）完成的一些實驗，應該已經向所有人證實，熱質說是錯的，因為這些全都顯示，單是物理作業就能生熱。儘管有些人懷疑熱質說，然而倫福德伯爵和戴維的結論，卻是直到五十年過後，當英國物理學家詹姆斯．焦耳（James Prescott Joule, 1818-89）重複了他們的部分實驗，才終於為人採信。

焦耳進行實驗來演示功可以轉換為熱。舉例來說，透過穿孔圓筒對水施壓會提高水溫。於是這經由不同形式能量的轉換，為能量守恆理論奠定根基，還驗證熱的熱質模型並不正確。（怪的是，熱能守恆與熱質模型不可分，這是由於模型把熱當成物質，而已知物質是守恆的。）

焦耳算出，提高一磅水一華氏度需要 838 英尺磅力（foot-pound force）的功。（一英尺磅為一磅力作用於與支點垂直相隔一英尺的定點上所生力矩——或扭轉的力。）他以不同方法試做，都得到

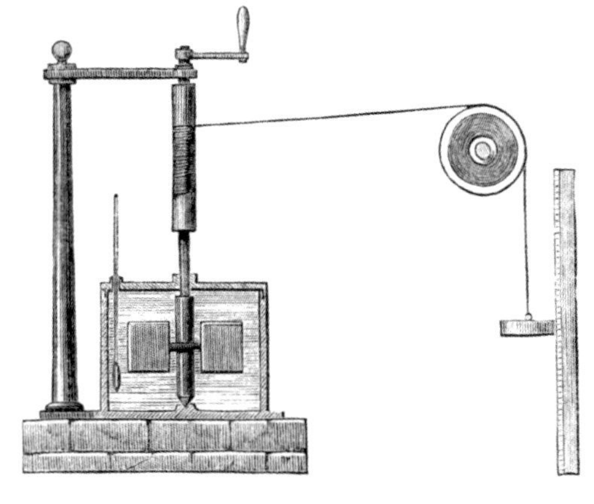

焦耳用來測量熱功當量的設備。

雷同結果，於是他認定他的理論和他的數字，大體都是正確的。

起初焦耳的成果受到冷漠對待，部分由於他的學理仰賴非常精確的測量——兩百分之一華氏度的溫差。

法拉第和威廉・湯姆森（後來的開爾文勳爵）在 1847 年聽了焦耳的研究報告，當時兩人都很感興趣，然而又過了很久時間，他們才認同他的觀點。焦耳和湯姆森結識並第一次協同研究，發生在焦耳度蜜月之時。他們計畫測量法國一處瀑布的瀑頂和瀑底的水溫溫差，到頭來卻證實這不切實際。湯姆森和焦耳從 1852 到 1856 年往返通信，焦耳負責執行實驗，湯姆森就所得結果提出評述。焦耳總結認為，熱是原子的一種運動。儘管物質原子模型在當時還沒有受到普遍認可，焦耳業已從英國化學家道爾頓（見第 31 頁）那裡得知模型全貌，並全心採信原子模型。

物理的統計化

馬克士威的分子速度公式稱為馬克士威分布（Maxwell distribution），可應用來計算（自由運動分子所構成的）氣體中，具某特定速度之分子所佔比例（或一粒子具某特定速度之機率）。這是物理學的第一則統計定律。隨後馬克士威—波茲曼分布（Maxwell- Boltzmann distribution）修訂了馬克士威的技巧和假定並取而代之。

熱力學定律

熱力學三定律為涉及熱和能量的任意系統設限，規範了什麼能做，哪些不能做。三定律於十九世紀期間，就在熱是種粒子運動的觀點普遍為人接受之後不久就出現。

熱力學第一定律在 1850 年由魯道夫・克勞修斯（Rudolf Clausius, 1822-88）構思完成，基本上就是能量守恆的陳述：一系統內部能量的改變，等於對系統的供熱減去系統的作功量。換句話說，能量永遠不會生成或消滅。依克勞修斯所述，這則定律是以焦耳論證功（或能量）與熱等效的演示為本。

熱力學第二定律其實在第一定律出現之前就已經發現。法國軍隊工程師尼古拉・卡諾（見右頁邊欄）描述了一種理論上的理想熱機，運作時完全不因摩擦

蒸汽機把熱能轉換成動能，來驅動車輛或機械裝置。

尼古拉·卡諾
（Nicolas Léonard Sadi Carnot, 1796-1832）

尼古拉·卡諾生於法國巴黎，是一位部隊指揮官的兒子，法蘭西共和國1887-94年總統馬利·卡諾（Marie François Sadi Carnot）的伯父。從1812年起，年輕的尼古拉進入巴黎綜合理工學院就讀，或許曾在西莫恩—德尼·帕松（Siméon-Denis Poisson, 1781-1840）、約瑟夫·給呂薩克（Joseph Louis Gay-Lussac, 1778-1850）和安德烈—馬利·安培（André-Marie Ampère, 1775-1836）三位著名物理學家門下受教。

蒸汽機從1712年起開始使用，五十多年過後，復經瓦特大幅改進。不過蒸汽機的發展，大半都是嘗試錯誤以及靈感猜測而來，幾無科學研究可言。卡諾開始鑽研蒸汽機的時代，機器效能平均只為百分之三。他著手解答兩個問題：「從熱源可取得的功，是否可能永無止境？」以及「熱機能不能不用蒸汽，以其他工作流體或氣體來予改良？」解答這些問題時，他設計了一個蒸汽機數學模型，來協助科學家了解其運作方式。

儘管卡諾是採用熱量觀點來陳述他的發現，他的成果仍為熱力學第二定律奠定了根基。他發現，蒸汽機產出動力並不是由於「消耗熱質所致，而是〔肇因於〕從一溫暖物體往一寒冷物體的熱傳輸」，而且生成的動力隨「溫暖和寒冷物體之間的」溫差加大而增強。他在1824年發表他所得結論，然而他的成果卻幾乎全不獲認可，最後是到了1850年經克勞修斯重提之後，情況方才改觀。

卡諾三十六歲年紀輕輕就死於霍亂。由於擔心感染，他的論文和其他私人物品都隨他下葬，只留下他的書籍來見證他的成果。

尼古拉·卡諾。

或浪費而損失能量，並以此論證機器效率取決於兩物體間的溫度差異。所以使用超高熱蒸汽的蒸汽機，產生的功便多於使用較冷蒸汽的機器，而且最後若機器（如柴油機）在較高溫度使用燃料，則其效能還會提增。就如十九世紀眾多熱力學成果，卡諾也以現存機器設計作為起點，著手探究並解釋機器運作的物

理學基礎。實務科學驅動理論科學前進。

卡諾從熱量角度來陳述他的發現，後來則是克勞修斯從熵的角度來重新論述該定律，並論稱系統總是朝較大熵值狀態發展。一般認為熵是「無序」的。更精確言之，這是用來測量系統中沒法作功之能量：就任意真實系統，總會有若干能量隨著耗散的熱量流失。當燃料燃燒，能量便從一種有序（低熵）狀態轉換為無序（高熵）狀態。每次燃燒燃料，宇宙總熵值就跟著增多。克勞修斯以一句話總結第一和第二定律，他說，宇宙的總能量保持不變，熵值則趨向最大化。把這種理念推展到極致，則宇宙的結局就會是一碗浩瀚無垠的解離原子湯。這種處境最早由克勞修斯提出，號稱宇宙的熱寂（heat-death of the universe）。

熱力學第三定律事隔許久才在1912年出現。這則定律由德國物理學家暨化學家瓦爾特・能斯特（Walther Nernst, 1864-1941）發展成形，其內容說明沒有系統能達到絕對零度，也就是原子運動幾乎完全

馬克士威和他的精靈

馬克士威在1871年提出了一個臆想實驗，嘗試欺瞞熱力學第二定律。他描述相鄰兩個盒子，一個裝了高熱氣體，另一個裝了低溫氣體，兩盒以小孔相連。就一般而言，熱會從高溫向低溫移動，高速粒子轟擊低速粒子並讓它們加速，反之亦然。到最後，兩個盒子都會裝了具雷同速率分布的粒子，而且溫度也會相等。不過在實驗中，小孔裡面端坐一隻精靈，管制哪些粒子可不可以通行。精靈開啟小孔讓低溫盒中的高速運動粒子進入高熱氣體盒中，並讓高溫盒中的低速運動粒子進入低熱氣體盒中。於是精靈就這樣犧牲低溫氣體，以提升高熱氣體的溫度，並降低系統熵值。系統依然騙不了定律，因為不管是什麼東西執行精靈的職掌，本身都要消耗能量來作功。蘇格蘭物理學家大衛・利（David Leigh）在2007年嘗試製造一款奈米尺度精靈機。那台機器能分辨低速和快速運動粒子，不過本身也需要電力供應。

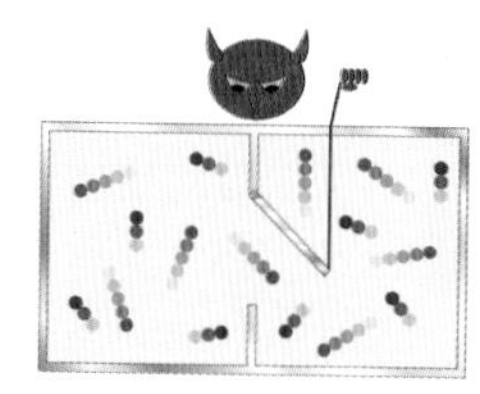

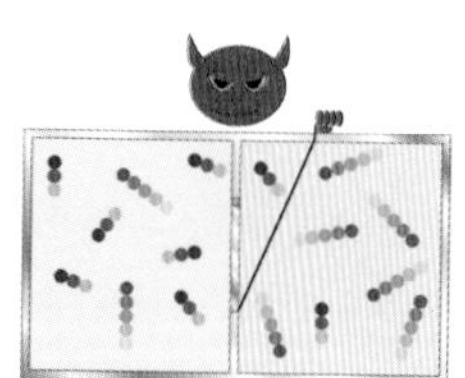

停頓，且熵值趨近最小值或零的溫度。

絕對零度

熱力學第三定律必須有個再無更低溫的最低溫概念——這個溫度稱為絕對零度。波義耳最早在1665年著作《關乎冷的新實驗和觀察》（*New Experiments and Observations Touching Cold*）中討論最低可能溫度概念，文中他把這個構想稱為「至冷」（primum frigidum）。當時許多科學家都認為，世上有「某種物體本身具有極端寒冷之本性，而且只要參與其中，其他所有物體都能獲取該性質」。

伽利略溫度計仰賴壓力隨溫度改變的現象；原子在絕對零度時並不運動，完全不施加壓力。

法國物理學家紀堯姆·阿蒙頓（Guillaume Amontons, 1663-1705）是最早從實務角度來處理這道問題的人。1702年，他製造出一件空氣溫度計，並聲稱當空氣達到一個溫度，就不再有能測量之「彈力」，這個溫度就是「絕對零度」。他的溫度計的零度約為 -240 攝氏度。瑞士數學家暨物理學家約翰·朗伯（Johann Heinrich Lambert, 1728-77）在1777年提出了一種絕對溫標，接著他把絕對零度修改成 -270 攝氏度，很接近當今採信的數字。

不過這個接近正確的數值並沒有普遍為人採信。拉普拉斯和拉瓦節在1780年指稱，絕對零度有可能為水的凝固點以下1,500到3,000度，最起碼肯定也低於凝固點600度。道爾頓提出 -3000° C數值。給呂薩克考察氣體體積和溫度的關連性，得出了更正確的結果。他發現，若壓力保持恆定，則每提高零上1° C，氣體的體積便增加1/273。

從這裡他就可以向外逆推出絕對零度的數值為 -273° C——甚至還更接近正確數值。

這道問題在焦耳證明熱是種力學現象之後便出現了一次轉折。1848年，湯姆森（後來的克爾文勳爵）單以熱力學定律為本，設計出一種溫標，至於其他（華氏和攝氏）溫標，則是以某特定物質的屬性為本。克爾文發現了一個絕對零度數值，沿用至今依然為人採納 -273.15° C——和空氣溫度計與給呂薩克的理論所得出的數值都非常接近。克氏溫標以攝氏溫標為準，不過起始點並不是0° C，而是 -273.15° C。儘管深具影響力、受封爵位並獲指派為皇家學會會長，克爾文卻不完全是個眼光雪亮的科學家，他厭棄達爾文的演化論，也不肯相信原子存在。

多冷？

就算在外太空，溫度也非絕對零度。外太空的周遭溫度是 2.7 克氏度，這是由於整個太空都有宇宙微波背景輻射——大霹靂的殘留熱量。已知最寒冷的區域在回力棒星雲（Boomerang Nebula），溫度略超過 1 克式度的深色氣體雲。歷來曾以人為達成的最低溫是 10 億分之 0.5 克式度，2003 年在麻州理工學院實驗室短暫實現。

熱和光

幾千年來，人類清楚知道，陽光同時提供光與熱，然而兩方關連卻只在相當晚近才被解釋。已知第一位注意到其關連的人，是一位義大利學者吉安巴蒂斯塔·德拉·波爾塔（Giambattista della Porta, c.1535-1615），他在 1606 年記錄了光的加熱效應。德拉·波爾塔算是個博學的人，他寫戲劇文學，也是個科學家，曾發表農業、化學、物理學和數學著述。他的《自然魔術》（*Magiae naturalis*, 1558）促成了義大利在 1603 年成立科學院（義大利猞猁之眼科學院）。（那本書的扉頁有一幅猞猁插圖設計，序言也含一段描述，說明科學家「擁有猞猁般雙眼，檢視自行顯現的事物，於是經過觀察之後，他就可以積極運用所得結果」。）沙特萊侯爵夫人注意到，光的加熱能力隨色彩不同而異，描繪出熱和光的關連性。儘管這已經先期預見了電磁頻譜和紅外輻射的發現，當時卻沒有進一步的發展。到了 1901 年，普朗克研究黑體輻射有了一項重要發現，把光和熱連結在一起，他的發現是個意外突破，一個拼湊而得的成果。不過那個拼湊之舉，後來卻奠定了量子力學的基礎。

> 「〔黑體問題的量子解法〕是情急下的孤注一擲，因為當時不計任何代價都非得找到個理論詮釋不可，無論那〔個代價〕有多高。」
>
> 馬克斯·普朗克
>
> 1901 年

義大利猞猁之眼科學院，從 1883 年起就座落於羅馬科西尼宮（Palazzo Corsini）。

黑體輻射和能量子

許多物質受熱時都會發出輝光，射出從紅到黃再到白色的光芒。在較高溫時發射的光波波長會漸次縮短，朝頻譜藍端轉移。當這又加上黃、紅光時，熱體的輝光就變得較白，也變得較藍。呈現這種熱與色彩分布的圖稱為黑體曲線（black-body curve）。理想「黑體」是能把落於其表面的輻射全部吸收的物體。以石墨製成盒子，表面有個小孔，這就很接近一個理想黑體（小孔充當黑體）。黑體受熱會發出輝光，隨溫度高低放射不等波長的光。放射的光的色彩，完全取決於溫度，和黑體材料無關。

普朗克考慮以黑盒子與小孔製成的黑體，試行計算該黑體發射不同波長的精確光量。儘管他幾乎有辦法讓他的方程式得出正確的結果，不過他仍得做個古怪的假設，才能讓方程式變得理想。他的假設是，從盒子射出的並非源源不斷的光束——而依他的設想，波就該是這樣——卻必須細細分割，構成不連續片段或封包的波——或稱量子。普朗克並沒有真正料到，能量量子會成為物理景觀的一部分。他認為那些根本只是巧妙的數學伎倆，等未來有一天出現了新發現或新的計算結果，就會被替換掉。他實在錯得離譜。

其他形式的能量

就在光和熱受到細密檢查之時，一些新型形式能量也開始引來科學界的關注。許多使用久遠的能量，直到十九世紀才有了名稱。法國科學家賈斯帕—古

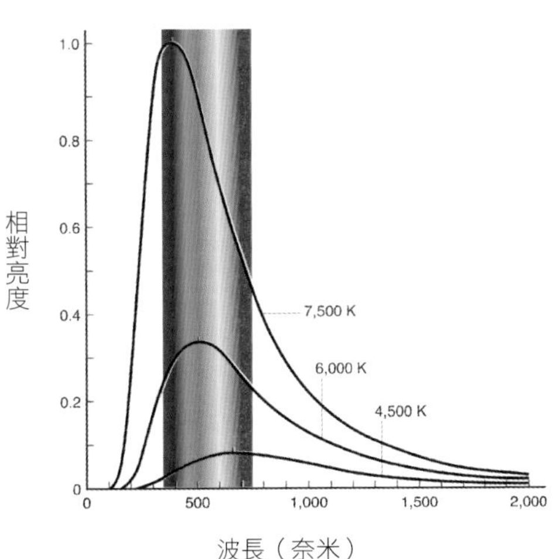

光譜學，研究發光熔岩發出的輝光所得成果，可以用來計算火山爆發熔岩流的溫度。

斯塔夫·科里奧利（Gustave-Gaspard de Coriolis, 1792–1843）在1829年描述動能，蘇格蘭物理學家威廉·蘭金（William Rankine, 1820–72）在1853年創制出「位能」一詞。新確認的能源當中的第一種是電。儘管閃電是大家都熟悉的現象，卻沒有人明白它牽涉到電。

發現電

最早被人發現的型態是靜電。連古代人都知道，摩擦琥珀或黑煤玉會產生一種力，讓物質吸引絨毛或物質碎片，

馬克斯·普朗克（1858–1947）

普朗克的一生漫長而悲慘。他生於好斯敦公國（Duchy of Holstein，位於今德國）基爾（Kiel），剛開始時想當個音樂家。他請教一位音樂家，他該研讀什麼，那個人告訴他，如果他還得問，那麼他就當不上音樂家。接著他把注意力轉向物理學，結果物理學教授卻告訴他，這行已經不再有任何東西可以發現了。所幸，普朗克堅守這行，最後他的量子構想，為二十世紀大半物理學奠定了根基。

普朗克的第一任妻子死於1909年，有可能是染上結核病病故。第一次世界大戰期間，他的一個兒子在西方戰線遇害，另一個兒子埃爾溫（Erwin）成為法國俘虜。普朗克的女兒葛蕾特（Grete）1917年分娩時死亡，孿生姊妹艾瑪（Emma）嫁給葛蕾特的鰥夫，1919年也這樣死了。1944年，普朗克的柏林住家在一次盟軍空襲時全毀，他的科學論文和往來信函也完全流失。最後一根稻草在1945年出現，納粹指埃爾溫共謀暗殺希特勒，判處他死刑。埃爾溫遭處決後，普朗克失去生存意志，死於1947年。

不過當時並不清楚這種吸引力之本質為何。英國自然哲學家湯瑪斯·布朗（Thomas Browne, 1605–82）定義「電」是「一種能力，能吸引稻草和輕巧物體，並讓任意置放的針也具有這種能力」。到了 1663 年，德國科學家馮·格里克製造出第一具靜電起電機。當時馮·格里克已經完成氣壓實驗，證實真空是可能存在的。（見第 27 頁）。他的靜電起電機——或「摩擦生電機」——使用一個能手動旋轉並藉由觸摸摩擦來產生電荷的硫磺球。牛頓提議換掉硫磺球，改用玻璃球，往後的種種設計，更用上了其他材料。1746 年一款摩擦生電機使用一個大輪子來轉動好幾個玻璃球，並以蠶絲索懸吊一把劍和一支槍管來導電；還有一款使用皮革墊子來代替人手，另一款在 1785 年製成，用上了兩個外覆野兔毛皮的圓柱體來相互摩擦。

馮·格里克以靜電運作的起電機。

用電做實驗在十八世紀變得更為常見，靜電起電機也成為公共科學演講會上很受歡迎的注意焦點。約 1744 年前後，兩個人各自發明了萊頓瓶（Leyden jar），他們一位是荷蘭數學老師，名叫彼得·范·穆森布魯克（Pieter van Musschenbroek, 1692-1761），還有一位是德國神職人員，埃瓦爾德·馮·克拉斯特（Ewald Georg von Kleist, 1700-48）。萊頓瓶是能儲電的簡單裝置，構造含一個局部裝水的瓶子，加上一個以金屬桿和電線穿過的軟木瓶塞。比較有效的設計在瓶身外側安了金屬箔。

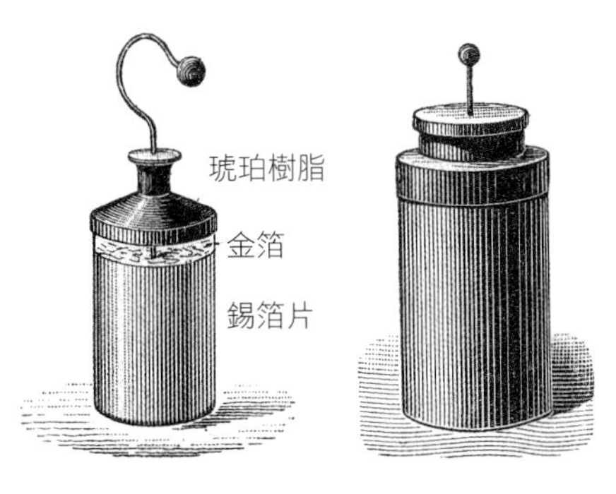

萊頓瓶

馮·克拉斯特第一次碰觸他的瓶子時，當下遭受一陣強力電擊倒地。萊頓瓶成為進行電實驗的寶貴工具，而這也是現代電容器的根源。班傑明·富蘭克林（Benjamin Franklin, 1706-90）考察那款瓶子後發現，電荷是儲存在玻璃裡，並不是如先前所假設般存在水中。

世界第一款透皮神經電刺激機？

古埃及人有可能拿電鯰來做醫療用途，羅馬人肯定發現了黑電鰩可以用來緩解疼痛。普通電鰩（Torpedo torpedo）能產生電荷，這時就可以把它當成能緩解疼痛的透皮神經電刺激機。羅馬人使用這種魚來緩解痛風、頭痛、術後與分娩後疼痛。電鰩熬不過治療程序（想必是由於使用時得先讓牠離開水面）。模仿電魚作用的高峰點是亨利．卡文迪什（Henry Cavendish）在 1776 年製造的皮革電鰩。卡文迪什研究了那種魚，先製造出一款木頭電鰩，卻發現導電性能不好。接著他改用厚羊皮來製造假魚，並在兩側安裝細薄的錫鉛合金板，來模擬發電器。他把合金板連上萊頓瓶，把皮革魚泡進海水。他伸手浸入假魚旁邊水中，感受到一股電擊，就像曾經感受真正電鰩作用的人士所描述的狀況。

風箏和雷雨

美國科學家富蘭克林（後來協助起草《美國獨立宣言》）率先在 1752 年驗證演示閃電的本質為電。他以一項著名的實驗來測試他的理論，執行時他拿一根金屬桿安在風箏上，然後在風箏線的另一端綁了一支鑰匙。他在一個雷雨天放風箏，讓鑰匙懸在一個萊頓瓶旁邊。即便沒有閃電，風暴雲裡仍有充分電荷可供濕線向鑰匙導電，並產生火花跳向萊頓瓶。富蘭克林推想，電有可能帶有正電荷或負電荷。他發明了避雷針，這種裝置能經由一條金屬導線，把雷擊電荷安全導往地面和閃電鈴（見右頁專題討論）。

富蘭克林以閃電做實驗來研究電。

時尚的電

電氣實驗成為受歡迎的科學餘興節目，有時還會連累不幸的（而且說不定很不情願的）志願參與者。第一位進行電氣系統實驗的人是英國印染業者暨業餘科學家史蒂芬．格雷（Stephen Gray, 1666-1736）。他的「慈善男孩（charity boy）」是個貧窮頑童，被一條絕緣索懸吊起來，手握一支荷電玻璃棍，他會吸引細小的金屬碎箔片，還有電花從他的鼻頭冒出來。除了具有娛樂效果（起碼對觀眾來講），格雷的 1729 年實驗還驗證了傳導現象

——電可以從一種材料傳導到另一種，包括經水導電。另有一項相仿實驗讓一群老人列隊手牽手，電荷就從這支隊伍通過。在巴黎工作的化學家夏爾・杜菲（Charles du Fay, 1698-1739）進一步拓展格雷的成果，並在 1733 年總結認為，所有物體和所有生物都含有某種電。他論證演示電有兩種形式——負電，他稱之為「樹脂類」（resinous），還有正電，也就是「玻璃類」（vitreous）。到了 1786 年，義大利物理學家路易吉・賈法尼（Luigi Galvani, 1737-98）實驗以電流通過一隻死青蛙，觸動蛙腿陣發抽搐。由此他歸結認定，青蛙的神經會傳導電脈衝，觸發牠們的腿肌運作。

「1752 年九月，我豎起一根鐵棍將閃電導入我的住家，好拿它來做一些實驗，當鐵棍充電時，會讓兩個鈴發出警示聲響。這是所有電氣技師都能一目瞭然的裝置。

我發現，沒有閃電或雷聲的時候，鈴聲有時仍會響起，不過只發生在鐵棍上空有烏雲的時候；而且有時在閃電閃現之後，鈴聲還會突然停止；在另一些時候，原本沒有鈴聲，不過閃電過後，便突然開始響起；此外有時候電非常微弱，出現一個小電花之後，隔了一段時間都不再出現；另有些時候則是在瞬息之後出現一些電花，而且是在我聽到鈴聲持續出現之後，閃現如羽毛筆那般尺寸的電花。即便在同一陣爆發期間，差異變動也相當明顯。」

班傑明・富蘭克林，1753

讓電投入工作

要善加利用電，首先必須設法在需要用電的時機、場合釋出或生成電・第一款電化電池（電池的前身）由義大利物理學家亞歷山卓・伏打（Alessandro Volta, 1745-1827）開發問世，電位測量單位伏特（volt）就是以他的姓氏命名的。他在 1800 年以鋅、銅圓盤和吸飽鹽溶液的紙張疊成電「堆」。他完全不明白，這為什麼能發出一股電流，不過反正能發揮效用，明不明白也沒什麼關係。最後到了 1884 年，瑞典科學家斯凡特・阿瑞尼士（Svante August Arrhenius, 1859-1927）才終於描述了離子攜帶電荷的作用。德國物理學家格奧爾格・歐姆（Georg Ohm, 1789-1854）使用一款伏打電池來進行他的電學研究，最後並構

格奧爾格・歐姆，如今用來代表電阻的單位，就是以他的姓氏命名。

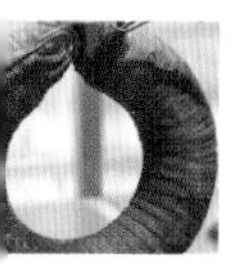

思出冠上他姓氏的定律。歐姆定律（Ohm's law）在1827年發表，內容陳述當電通過導體時：

$$I = V/R$$

其中I是電流（安培），V是電位差（伏特），而R則為電阻（歐姆）。物質的電阻為常數，與伏特數無關，所以改變伏特數會直接影響電流。

天然磁石先天帶有磁性，能吸引鐵和鋼等具磁性的金屬。

伺機而動：磁性

不把磁體帶上場，我們就沒辦法進一步談下去。有些物質會吸引鐵，或者指向南北，古人已經注意到這種能力，卻沒辦法解釋，在他們看來，這肯定就像魔術。

根據亞里斯多德所述，泰勒斯曾在西元前六世紀就磁性提出一段描述。約西元前800年，印度醫師暨作家蘇斯魯塔（Sushruta）曾描述以磁體移除體內金屬碎片的做法。另一部早期磁性文獻見於中國西元前四世紀《鬼谷子》一書，文中有「若磁石之取鐵」敘述。磁石是種先天帶磁性的金屬磁鐵礦石。具恰當晶體結構的磁鐵礦石，有可能是受了閃電電擊磁化。中國命理師在西元前一世紀期間開始使用天然磁石與占卜羅盤。天然磁石有可能早在西元270年便用於指南針，不過最早經確認的指南針運用，出現在朱彧1119年的著述《萍洲可談》，書中稱：「舟師識地理，夜則觀星，晝則觀日，晦觀指南針。」歐洲有可能獨立發展出導航指南針。中國的羅盤具有二十四個基本區段，歐洲所用類型則始終劃分十六區。此外，羅盤是在歐洲出現使用紀錄之後，才出現在中東，暗示羅盤並不是從中國取道中東傳往歐洲。最後，中國羅盤的設計通常指向南方，歐洲的羅盤則始終指朝北方。

羅盤使用地球的磁場來輔助導航。

最早針對磁性來進行的第一項科學研究是英國人威廉·吉爾伯特（William Gilbert,

1544–1603）完成的。吉爾伯特是英王伊莉莎白一世的御用科學家，他創制出拉丁單詞 electricus，意思是「琥珀的」。1600 年，他發表《論磁石》（De magnete）一書，內容描述他進行了許多實驗，試行探究出磁性和電的本質。這本書就羅盤針指朝南北的神祕能力，提出了第一項合理的解釋，並披露地球本身就帶了磁性的驚人真相。當年水手界普遍認為，大蒜會讓羅盤失靈（舵手不得在船隻羅盤附近吃大蒜），還相信北極附近有一座龐大的磁山，一旦船隻太靠近，它就會把船身所有鐵釘全部吸走，吉爾伯特駁斥這種看法。

鐵匠製造磁鐵，吉爾伯特的《論磁石》書中描繪的景象。

磁性的潛在威力，從穆罕默德的鐵棺故事可見一斑，這具靈柩想必是擺在兩件磁體中間，於是它才能懸空飄浮。（當然了，倘若這種奇觀真有其事，那麼就只需在陵墓上方擺一塊磁體即可，因為重力會提供向下推動力。）

電磁——電和磁的媒合

電的實際應用在十九世紀早期開始出現。1820 年，丹麥物理學家暨化學家漢斯．厄斯特（Hans Christian Ørsted, 1777-1851）注意到，電流會偏轉羅盤針的指向。這是電和磁之間存有連帶關係的第一項暗示。短短一週之後，安培便提出了遠更為詳細的記述。他向法國科學院演示論證，平行金屬線通了電流之後，就會相吸或互斥，實際取決於電流是同向或反向流動，就此奠定了電動力學的基礎。隔年，法拉第做了一項實驗，把一塊磁體擺在一盤水銀裡面，上方懸吊一條金屬線，末端浸入水銀。法拉第發現，當他為金屬線通電，那條線就會繞著磁體打轉。他稱這種現象為「電磁旋轉（Electromagnetic rotation）」，後來這成了電動馬達的基礎。事實上，變動磁場會生成電場，反之亦然。

法拉第當下抽不出時間來繼續他的電磁研究，最後是美國科學家約瑟夫．亨

利（Joseph Henry, 1797-1878）接手在1825年開發出第一個強大的電磁鐵。他發現，以絕緣導線繞磁體，通電之後就能大幅強化磁體威力。他製造出一個能抬高3,500磅重物（將近1600公斤）的電磁體。接著亨利還為電報奠定了基礎。他串接起1.7公里長的細金屬線穿過阿爾巴尼學院（Albany Academy）校園，接著通電並成功運用電力來推動另一端的鈴鐺。儘管後來是塞謬爾·摩斯（Samuel Morse, 1791-1872）繼續開發出電報，亨利卻已經證明了這項概念可行。

若說有哪個人名和電特別有關係，那大概就是麥可·法拉第的名字了。儘管他忙得沒辦法在1820年代繼續鑽研電磁，不過在1831年他又回頭鑽研這個課題，還發現了電磁感應原理。法拉第拿金屬線在一個鐵環的相對兩側纏繞成線圈，接著讓電流通過當中一條金屬線。電流讓鐵環磁化，並在另一個線圈短暫誘發一股電流，製造出第一個變壓器。六週過後，他發明了發電機，以一塊永久磁體前後穿過一個線圈，在金屬線中誘發電流。法拉第的電磁感應定律表明，磁通量隨時間的改變，生成正比的電動勢。所有發電作用都以這項原理為本。法拉第還引進了電極、陽極、陰極和離子等詞彙，並推斷分子的部分涉及電在陰極和陽極之間的移動現象。離子溶液的真正本質和它們的傳導性，最後終於由阿瑞尼士解釋清楚，而且他在1903年還以這項成果獲頒諾貝爾獎。

約瑟夫·亨利。

場和力

場是力跨距傳遞的方式。磁場就是磁力運作所涵蓋的範圍。磁場通常描繪成從磁體北極朝向南極的放射狀線條。電磁強度或重力強度隨定點與源頭之相對距離平方遞減——所以和源頭相隔兩倍距離時，力只為其原有強度之四分之一。和力有關的平方反比定律最早見於牛頓的重力相關論述。

電磁新時代的黎明

秉持厄斯特與法拉第的實務工作基礎，馬克士威進一步帶進數學來鞏固

「這是第一次發現，原來電流可以傳遞到遙遠的距離，而且可以用來產生機械效應的力量，也只損失少之又少，還有發現了傳輸電流的許多方法。在我看來，現在要做電報是可行的……我心中並未屬意任何一類電報，不過這裡只就一般事實而論，如今已經證實，電流可以傳遞到遙遠距離，而且仍有充裕動力對想要的物體產生機械效應。」

約瑟夫・亨利

電和磁的關係。最後他在 1873 年發表了徹底翻轉現況的四組方程式，並以此論證電磁是單一的力。愛因斯坦認為馬克士威方程是物理學界自牛頓構思出重力定律以來的最偉大發現。如今公認電磁是讓宇宙保持有序的四大基本作用力之一——另三種力為重力，以及在原子核裡發揮作用的強核力和弱核力。就最小的尺度而言，電磁力束縛離子組成分子，並提供原子裡電子和原子核之間的吸引力。

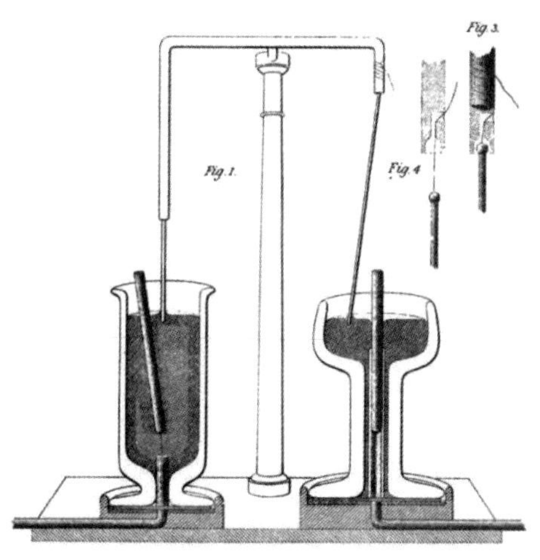

法拉第驗證電磁旋轉的裝置。

馬克士威解釋了電場和磁場如何從同一種電磁波湧現。變動電場出現時，也會伴隨出現同樣變動的磁場，而且其方向與電場垂直。他還發現，振盪電磁場的波在虛無空間中傳播時，速度達每秒三億公尺——也就是光速。這是一項驚人發現，不過並不是所有人都很高興聽到這個結論：光是電磁頻譜的一部分。愛因斯坦採擷馬克士威的成果，納入他的相對論並論稱，一個場是電場或磁場，取決於你是從哪個參考系來看。一個場從一個參考系來看是磁場，從不同的參考系來看，它就是電場。

磁場能以一磁體周圍的羅盤針排列方位來驗證。

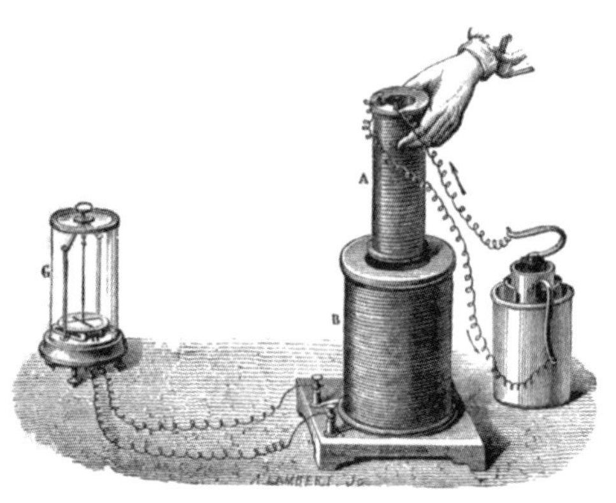

法拉第驗證兩線圈間電磁感應的裝置。右方液體電池發出一股電流，小線圈以手移動進出大線圈，感應大線圈並生成一股電流，其結果由左方電流計顯示。

法拉第的電磁感應定律

1. 導體周圍磁場變動時便感應生成電磁場。
2. 電磁場強度與磁場變動率成正比。
3. 感應電磁場的指向取決於磁場變動率的增減。

其他波動

儘管馬克士威曾預測存在無線電波，卻始終沒有人觀測得見，最後是直到1888年，才由德國物理家海因里希．赫茲（Heinrich Rudolf Hertz, 1857-94）在他的實驗室中發出波長四米的電磁波。赫茲並沒有看出無線電波的重要性，被人問起他這項發現會帶來什麼樣的衝擊時，他也只說：「我猜完全沒有吧。」除了發出無線電波之外，赫茲還發現了這種波可以傳播穿透某些物質，遇上其他材料時則會回彈——這個性能後來促成雷達的開發問世。無線電波的發現，讓馬克士威的電磁輻射解釋無可避免。往後數年期間，微波、X光、紅外線、紫外線和伽瑪射線又接連發現，於是電磁頻譜也就此齊備。

接著發現的下一種能量形式是X光。儘管德國物理學家威廉．倫琴（Wilhelm Conrad Röntgen, 1845-1923）命名並描述X光，而且大家也普遍認為他在1895年發現了這種射線，但其實倫琴並不是最早觀測X光的第一人。X光最早約在1875年由他的德國同胞，物理學家約翰．希托夫（Johann Wilhelm Hittorf, 1824-1914）偵測得知。希托夫是克魯克斯管（Crookes tube，用來研究陰極射線的實驗設備）的發明人之一。克魯克斯管含一真空區，裡面有電子束在陰極和陽極間流動，在現代電漿螢幕問世之前，這就是電視機使用的陰極射線管的前身。希托夫發現，當他把照相底板擺在克魯克斯管附近，隨後就

「把磁轉換成電！」

法拉第的待辦清單，1822年
1831年完成

麥可．法拉第（1791-1867）

法拉第出身倫敦貧困家庭，十四歲離開學校，在一位書本裝訂商手下當學徒，一邊閱讀他裝訂的科學書來自我教育。法拉第在 1812 年聽了戴維的四場皇家科學院演講，隨後便寫信給戴維，向他求職。戴維一開始回絕了，隔年卻雇用他擔任皇家科學院化學助理。法拉第剛開始只幫忙其他科學家，隨後他就開始進行自己的實驗，包括電學實驗。他在 1826 年開創皇家科學院的「聖誕講座」和「週五之夜討論會」——兩項迄今依然延續。法拉第本身也講授許多課程，逐漸建立威望，成為他那個時代的頂尖科學講師。他在 1831 年發現了電磁感應，為電的實務運用奠定基礎。早先電磁感應只被當成一種沒有什麼實際用途的有趣現象。

為表彰法拉第的成就，皇家學會兩度邀請他擔任會長（兩次都遭回絕），英國還曾打算授予他騎士身分（也遭他拒絕）。他在漢普敦宮度過生命最後階段，棲居維多利亞女王王夫，艾伯特親王（Prince Albert）致贈的一處住家。

法拉第在皇家科學院他的實驗室裡。

會在部分底板上頭找到暗影痕跡，不過他並沒有深入探究箇中原因。其他科學家也避開 X 光，後來是倫琴拍攝他太太的手，製作出他著名的 X 光照片，並解釋這種現象。倫琴安排在他死後把他的實驗紀錄放火焚毀，所以也完全無從得知，當年究竟是發生了什麼，不過他似乎是使用一幅塗了氰亞鉑酸鋇（barium platinocyanide）的屏幕和一支以黑色材料包裹的克魯克斯管來研究射線。他瞧見屏幕發出黯淡綠光，領悟有某種射線穿透管子的卡紙，讓屏幕發出輝光。他深入探究射線，兩個月後便發表他的發現。

馬克士威方程組

$$\oint \mathbf{E}\cdot d\mathbf{A} = \frac{q_{enc}}{\varepsilon_0}$$
$$\nabla\cdot\mathbf{E} = \rho/\varepsilon_0$$

馬克士威的第一方程式是高斯定律，該定律描述電場的形狀和強度，說明電場就如重力，也依循相同的平方反比定律隨距離減弱。

$$\oint \mathbf{E}\cdot d\mathbf{s} = -\frac{d\Phi_{\mathbf{B}}}{dt}$$
$$\nabla\times\mathbf{E} = -\frac{\partial\mathbf{B}}{\partial t}$$

第三方程式描述變動的電流如何生成磁場。

$$\oint \mathbf{B}\cdot d\mathbf{A} = 0$$
$$\nabla\cdot\mathbf{B} = 0$$

第二方程式描述磁場的形狀和強度：所有力線始終呈環圈形，從磁體的北極伸向南極（而且磁體也必然總是具有兩極）。

$$\oint \mathbf{B}\cdot d\mathbf{s} = \propto_0\varepsilon_0\frac{d\Phi_{\mathbf{E}}}{dt} + \propto_0 i_{enc}$$
$$\nabla\times\mathbf{B} = \propto_0\varepsilon_0\frac{\partial\mathbf{E}}{\partial\tau} + \propto_0 j_c$$

第四方程式描述變動磁場如何生成電流，也稱為法拉第電磁感應定律。

輻射

法國物理學家亨利．貝克勒（Henri Becquerel, 1852-1908）在 1896 年聽說了 X 光，還得知這種射線是出自克魯克斯管管壁一處亮點，當時他就猜想，磷光性物體說不定也會發出 X 光。貝克勒是法國自然史博物館的物理學教授，因此能接觸運用大批磷光性材料藏品。他發現，只要擺在陽光下吸收能量一陣子，這類材料就會在黑暗中發出輝光，直到能量耗盡為止。接著他還發現，把照相底板用深色紙包裹起來，擋住光線，擺在一盤事先接受陽光照射「充能」的磷光性鹽類上頭，結果他的照相底板就會曝光。將金屬物體放在底板與盤子間，照相底板會出現一個陰影圖像，就如同倫琴的 X 光底板。隨後一項實驗當中，他預備好裝置並把它擺放在陽光下。儘

> 「我們不免要歸結認定，光就是寄身於介質的橫向振盪，而且正是那種介質引起電和磁的現象。」
>
> 馬克士威，約 1862 年

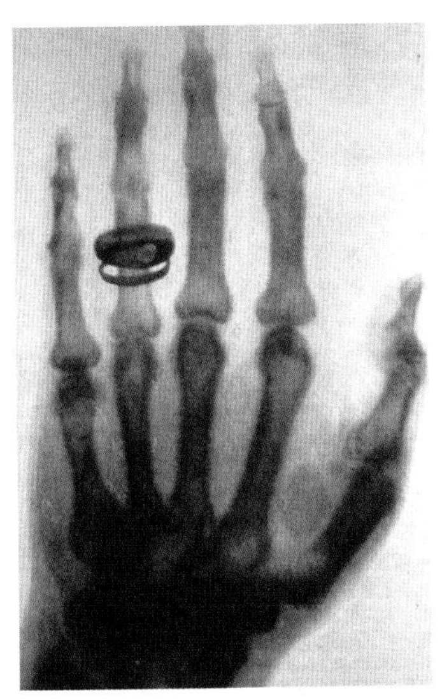

倫琴妻子的手部 X 光照片，這是歷史上第一幀 X 光照片；她的婚戒清晰可見。

「這完全沒有絲毫用處〔……〕這只是一個實驗，證明了馬克士威大師是對的——我們確實有這些神祕的電磁波動，這些都存在，不過我們用肉眼是看不見的。」

赫茲談他的無線電波發現，1888 年

要有光

最早的公共供電出現在英格蘭薩里郡戈達爾明（Godalming, Surrey），當地在 1881 年裝設了電氣街燈。那時是以衛河（River Wey）一具水車驅動一台西門子交流發電機，產生動力來點亮城內弧光燈，並為幾家商店和其他場所供電。

管巴黎接連好幾天都沒有陽光，貝克勒依然決定讓底板顯影，心中料想不會找到任何東西。結果令他驚訝，他發現了一幅影像——就算不接受陽光照射，他使用的鈾鹽似乎仍會發出 X 光，這顯然違背了能量守恆定律，無中生有創造出能量。他深入鑽研，結果發現輻射和 X 光並不相同，因為輻射會受到磁場影響，

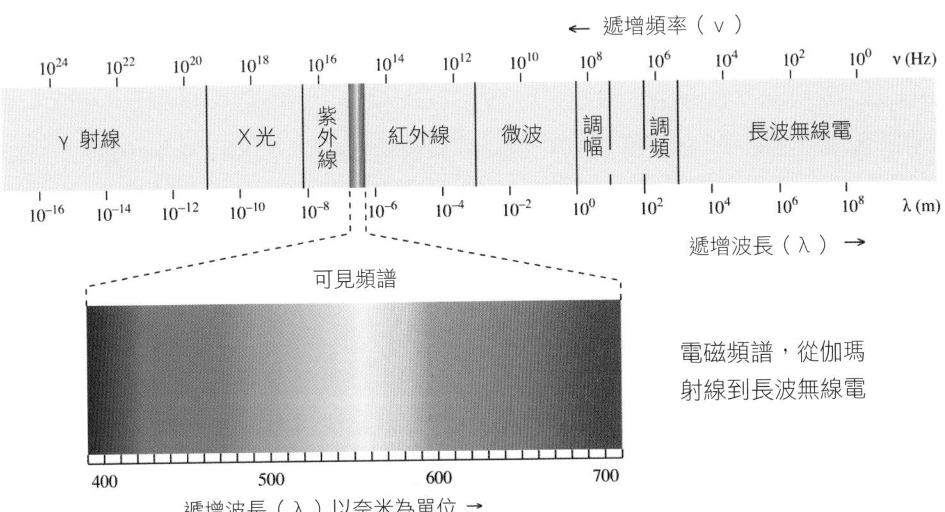

電磁頻譜，從伽瑪射線到長波無線電

偏轉方向，因此肯定含有荷電粒子。不過接下來他並沒有更深入研究，於是這個領域也就此閒置，留待波蘭誕生的實驗物理學家，居里夫人來開發。

瑪麗·居里（Marie Curie, 1867-1934）當時正攻讀博士學位，專研「鈾射線」課題，結果她發現，用來提煉鈾的礦石（瀝青鈾礦），放射性高於該元素本身。這就暗示那種礦石裡面，還含有放射性更強的其他元素。瑪麗和丈夫皮埃爾（Pierre）抽出了兩種這類元素——釙和鐳。從她在 1898 年的發現開始，費時四年才從好幾公噸的瀝青鈾礦提煉出十分之一克鐳。皮埃爾發現，一克鐳能在一小時內，把一克水從冰點加熱到沸點——而且可以反覆發揮這種作用。看來這是種免費生成的能量，這是驚人的發現。

居里夫婦並不知道放射性究竟是哪種能量。這項發現得由紐西蘭誕生，在劍橋卡文迪什實驗室（Cavendish laboratory）工作的英國化學家暨物理學家歐尼斯特·拉塞福（Ernest Rutherford, 1871-1937）來完成。拉塞福並沒有循序先在大學取得學位，再投入從事研究，而是最早以研究學生身分，直接進入劍橋的第一人。他拿到紐西蘭一項獎學金才來到劍橋，時間比倫琴發現 X 光早了兩個月，不過他完全是靠運氣才拿到那個職位。當時共有兩個人申請那項獎學金，拉塞福並沒有獲選，後來中選人卻放棄了。拉塞福開始從事無線電波研究，而且大有機會在馬可尼（Marconi）之前就實現遠距傳送的成果，不過他對於商業潛力並不感興趣，沒有進一步開拓他的發現。

永遠的貝克勒氏講座

法國自然史博物館物理學講座教授基本上是個世襲職位。這個席位在 1838 年專為安東萬·貝克勒（Antoine Becquerel, 1788-1878）特設，由貝克勒氏人士綿延傳承，最後由於在任者沒有生下兒子，無人繼承，才終於在 1948 年中斷。

後來拉塞福轉移注意力，改研究輻射，結果他發現，貝克勒發現的那種輻射，包含了兩種類型：能以一張紙或幾公分空氣阻擋的 α 輻射，以及能進一步穿透物質的 β 輻射。到了 1908 年，拉塞福證實，α 輻射是一束 α 粒子流：被剝除電子的氦原子。β 輻射的組成成分是快速運動的電子——就像陰極射線，不過能量更高。到了 1900 年，拉塞福發現了第三種輻射，他

歐尼斯特·拉塞福。

稱之為 γ 輻射。就像 X 光，γ 射線也構成電磁頻譜的一部分。它們都是高能電磁波，不過波長比 X 光還短。拉塞福的研究帶領他進入原子內部，我們的下一個目的地。

必要的原子

十九世紀晚期的熱力學研究成果讓熱質模型壽終正寢，還促使波茲曼和馬克士威等奧地利物理學家相信，熱是粒子運動速率的一種計量，不過他們仍不能肯定，牽涉到什麼樣的粒子。要完全認識熱的傳輸和電的傳導，非得先知悉這兩者所取決的物質的原子模型不可，否則就無從理解。電要在導體內傳輸，首先必須有電子在原子間遞送；熱要從一處藉由傳導或對流作用傳輸到另一處，首先粒子必須運動才行。物質的原子模型在初逢二十世紀之際廣受採納，開啟了探究原子內部的門戶，接著也促成了對能量如何運作，如何傳送方面更深入的認識。

瑪麗·居里
婚前名叫瑪麗亞·斯克沃多夫斯卡
（Manya Sklodowska）

生於俄羅斯佔領的波蘭華沙，在故鄉沒有機會接受大學教育，於是前往巴黎進入索邦（Sorbonne）求學。她在那裡結識了原本就研究磁性材料的皮埃爾·居里（Pierre Curie），後來兩人結為連理。瑪麗攻讀博士專研「鈾輻射」，由於懷孕延遲取得學位。她必須在一間透風的小棚屋裡做研究，因為大學深恐女人出現在實驗室，會引發嚴重的性別張力，導致什麼事都做不成，起碼男性都做不了事情。1898 年，瑪麗開始動手從瀝青鈾礦（鈾礦石）分離裡面所含未知放射性元素。她的丈夫皮埃爾放棄自己的研究來幫她的忙。兩人發現了兩種放射性元素，釙（polonium, 名稱出自波蘭 Poland）和鐳。1903 年，瑪麗和皮埃爾·居里獲頒諾貝爾物理學獎，兩人和貝克勒共享此榮耀。短短三年過後，皮埃爾在巴黎街頭滑倒，被馬車車輪輾過，頭顱碎裂喪命。他有可能是罹患了會引致暈眩虛軟的輻射病症。瑪麗在 1934 年死於白血病，同樣成為輻射曝露的受害者。她的筆記本放射性極高，即便到了今天，依然得存放在內襯鉛的保險箱中。她是唯一獲得兩項諾貝爾獎的女性（第二項是 1911 年化學獎，同樣褒揚她研究放射性所得成果）。

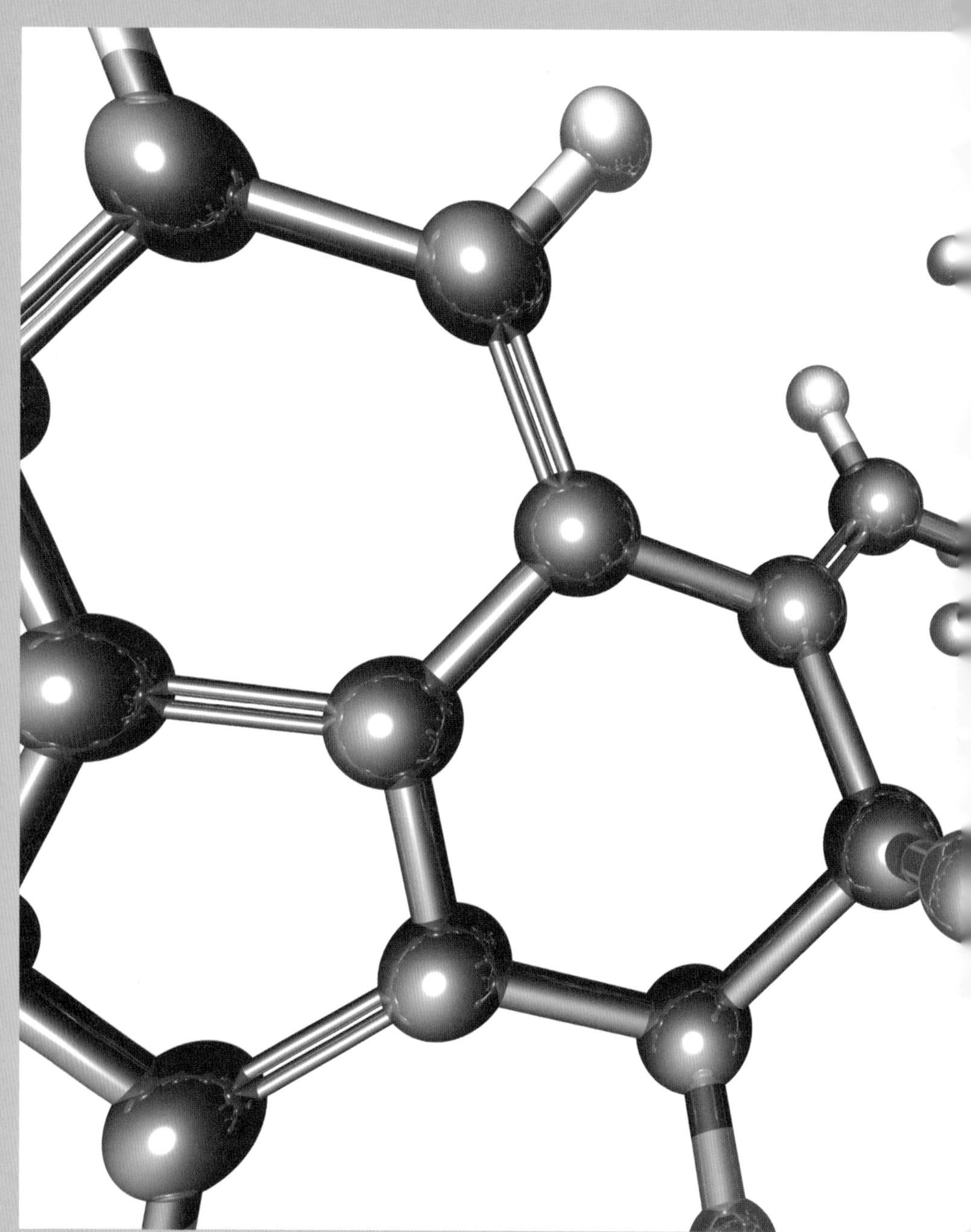

第五章

深入原子內部

原子是物質的構成單元是種歷史悠久的看法。西元前七世紀有些佛教思想家認為，所有物質的組成元件都是原子，還認為那是種能量。原子論出現之前的歐洲學者，如恩培多克勒和阿那克薩哥拉，也曾設想物質含有無形的微小粒子。這些早期哲學家—科學家純粹經由演繹思維得出這類看法。儘管原子論曾失寵許多世紀，到最後這種模型終於盛行起來，並獲得實驗和觀察的支持。不過早期原子學家並不完全正確。他們相信原子是物質最細小的不可分割的粒子，這個信念經過驗證並不正確。因為原子是以次原子粒子組成。隨後當科學家探測原子內部，結果就會證明，那裡是個匪夷所思，難以預料的地方。

物質原子結構的發現，為物理學家開啟了通往全新世界的門戶。

解剖原子

道爾頓在 1803 年描述他的原子理論，說明元素是以完全相同的原子所組成，而且不同的元素化合時，元素原子都按非負整數比例結合成化合物。那項理論起初並沒有獲得普遍採信，直到一個多世紀之後，法國物理學家讓・佩蘭（Jean Perrin, 1870-1942）在 1908 年測出水分子的大小，情況方才改觀。不過許多科學家在這之前，確實已經採用這套理論並投入研究。不過即便在理論經過驗證為事實之前，原子不能再予細分的前提已經逐漸失效。

英國物理學家約瑟夫・J.J. 湯姆森在 1897 年研究陰極射線和克魯克斯管（見第 104 頁）時發現了電子。湯姆森發現，陰極射線的傳播速度遠低於光速，因此不可能如先前猜想為電磁頻譜的一部分。他歸結認為，陰極射線是電子束。電子是原子的一部分，能擺脫束縛自行運作，顛覆了先前有關於原子不可細分的信念。1899 年，湯姆森測知一顆電子的電荷，並算出它的質量，歸出令人詫異的結論，顯示一顆電子的質量約相當於一顆氫原子的兩千分之一。

湯姆森在 1906 年以他的電子相關研究榮獲諾貝爾獎，即便如此，電子的重要性，卻沒有當即顯露頭角。事實上，物理學家都看不出電子有什麼意義，甚而在卡文迪什實驗室的劍橋年度餐會上，出現的敬酒賀詞竟然是：「敬電子：祝它對任何人都永遠沒用。」

> 「有種物質狀態可以分割得比原子還更細，這樣的假設著實有點令人吃驚。」
>
> 湯姆森

梅子布丁和太陽系

湯姆森在 1904 年提出的原子模型，向來被稱為「梅子布丁」模型，因為它就像一球鑲了黑醋栗的板油布丁。他描述原子就像一團正電荷雲霧，裡面散布電子。他曾提出一個令人困惑的循環措詞，稱它們是「微粒」。正電荷部分相當朦朧，而電子則如黑醋栗般粒粒分明地鑲嵌在裡面，而且有可能繞著固定環圈軌道運行。

梅子布丁模型在 1909 年經實驗驗證不能成立，那項實驗是德國物理學家漢斯・蓋革（Hans Geiger, 1882-1945）和紐西蘭人歐尼斯特・馬士登（Ernest Marsden, 1889-1970）執行的成果，當時兩人都任職曼徹斯特大學，在拉塞福督導下進行研究。他們的實驗步驟包括讓一束 α 粒子朝一張非常薄的金箔射去，金箔四周環繞一張硫化鋅薄片。硫化鋅受 α 粒子（氦核）衝撞時便發出光芒。實驗者預料會看到 α 粒子幾無絲毫

偏轉逕自穿透，而且它們穿透金箔後產生的圖樣，能披露金原子裡面的電荷分布資訊。結果令人訝異。受偏轉的粒子非常稀少，然而那少數粒子的偏轉角度卻遠大於 90 度。拉塞福原本料想，實驗能為梅子布丁模型背書，遇上這種結果完全措手不及。他能歸出的唯一結論就是，原子的正電荷集中於一個微小的中心點，並非分布於整顆原子。

拉塞福眼前面對一項使命，得為原子結構設想出一個新的模型，來取代名譽掃地的「梅子布丁」。他設計出的模型含一個微小緻密的原子核，周圍環繞許多空無空間，並散布環繞的電子。他並不確定原子核帶了正電或負電，但算出了核寬尺寸小於 3.4×10^{-14} 公尺（如今知道其大小約為這個尺寸的五分之一）。一個金原子的半徑已知約為 1.5×10^{-10} 公尺，因此原子核不到原子直徑的四千分之一。

約瑟夫．湯姆森（1856–1940）

湯姆森是個書本裝訂師的兒子。他窮得沒辦法當學徒學習工程，於是只能靠獎學金進入劍橋三一學院研讀數學。最後他成為該學院院長，將卡文迪什實驗室發展成舉世最先進的物理實驗室，並以他的電子研究獲頒諾貝爾物理獎。經由陰極射線實驗，湯姆森得以在 1897 年確認電子是種粒子，接著他還在 1899 年測知電子的質量和電荷。1912 年，他闡明如何使用從放電管中多孔陽極發出的正電射線來分離不同元素的原子。這項技術成為質譜分析法（如今常用來分析氣體等原料之組成）的基礎。湯姆森手腳笨拙人盡皆知，他不單必須靠研究助理來為他處理精巧實驗，甚至助理們還想辦法不讓他待在實驗室裡，以防他破壞他們的設備。不過他很討人喜愛，很能鼓舞人心：他的七位研究助理還有他的兒子後來都贏得諾貝爾獎。湯普森在 1908 年獲封爵位。

「元素的原子是由一個帶均勻正電的球體及其內部一些帶負電微粒所組成。」

J.J. 湯姆森，1904

土星原子模型

日本物理學家長岡半太郎（Hantaro Nagaoka）在 1904 年提出了一種以土星和土星環為本的原子模型。這賦予原子一個大質量核心和一些繞軌運行的電子，並由一電磁場束縛。他在 1892–96 年周遊德國與奧地利，聽了波茲曼談起氣體動力論，以及馬克士威的土星環穩定性研究之後，才設想出這個觀點。長岡半太郎在 1908 年放棄那個理論。

拉塞福的原子研究還沒有結束。他提出了一種結構，闡述原子核含帶正電的粒子——他在 1918 年發現的質子——和一些電子。他認為另有其餘電子繞行原子核。

丹麥物理學家尼爾斯．波耳（Niels Bohr, 1885-1962）在 1913 年修改拉塞福的模型，新模型讓電子可以待在軌道。他指稱，電子並不是隨興依循任意路徑，繞行核外空間，而是受限於特定軌道，而且也沒法不斷發出輻射（若是採用古典物理定律，電子就能這樣做）。波耳認為這類軌道都是圓形的、固定的，由此產生出原子的行星模型，電子就是行星，環繞相當於太陽的原子核運行。不

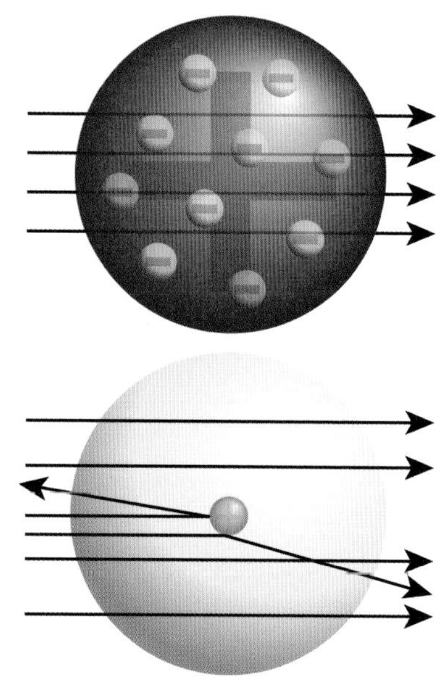

上圖顯示拉塞福金箔實驗的預期結果，α 粒子會穿透原子；下圖顯示令人驚訝的結果——有些粒子經大幅偏折。

「這是我這輩子最無法置信的事件。這教人不敢置信的程度，就彷彿你朝一張棉紙發射一枚 15 英寸砲彈，結果它卻反轉回來打到你。尋思之下，領悟到這種散射反轉肯定是單獨一次對撞所生結果，接著我做了計算，於是我看出，除非你採信系統中的原子質量大半集中於一個微小核心，否則完全不可能有那種數量的現象。就在那時，我想出了一種觀點，認為原子有一顆尺寸微小，質量很大的荷電核心。」

歐尼斯特．拉塞福

土星環為長岡半太郎提示了一種原子模型。

過電子有一點和行星不同，它們能在軌道間躍遷，每次都會釋出或吸收特定數量（一個量子）的能量，依它們是朝向或遠離核心而定。

根據波耳模型，試舉氫原子為例，氫的單一電子只可能存在於有限數量的軌道。每種軌道各代表一個特定能階。最低能階稱為基態，也是電子最接近原子核的狀態。當氫原子吸收一光子，電子便躍遷到一個半徑較大的（較高能階）軌道。至於它躍遷到哪個軌道或能階，取決於那顆光子含有多少能量。當原子放射出那顆光子，電子便躍遷返回先前那個（較低能階）軌道。

他論稱，每條軌道都只有可容特定數量電子的空間，所以就算電子希望盡可能全部擠在最靠近核心的地方，不論它們多想這樣做，

尼爾斯·波耳，攝於 1935 年。

都是辦不到的。這就表示，軌道是從內側開始向外依序填補。

電子唯有在軌道間進行「量子躍遷」之時，才會吸收或釋出單一光子或能量子。吸收或釋出的能量數額——或波長——由軌道決定。看來還真是個精巧妙招。後來波耳動手測試他的理論，結果發現，氫原子放射的能量波長，正符合他的數學預測，顯示電子是在它們的指定軌道間躍遷，這些軌道他稱之為殼層（shell）。再者，波耳的模型還能解釋，為什麼氫——其實也包括所有元素——會產生一種獨特的吸收和放射頻譜。這項原理根植於光譜學的核心，也就是天文學家使用來披露恆星化學成分的學問。

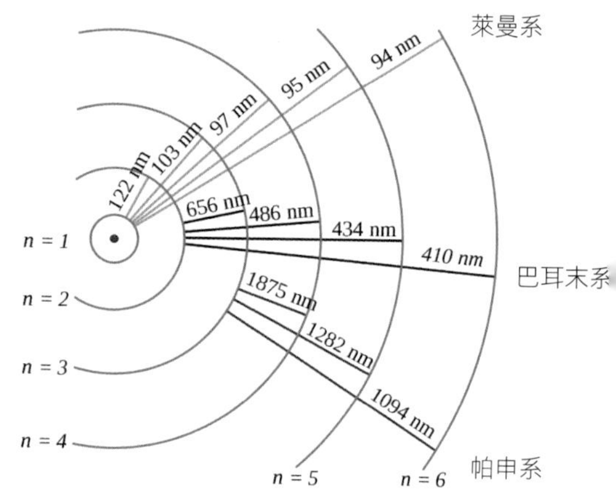

氫的電子殼層躍遷以及相關的光波長。

量子撫慰

當初普朗克說量子是以小封包轉移能量的方式時，他的意思並不是真的要大家認真看待量子；那只是種理論解答，而且他假定一旦有人以數學來解釋事實真相，量子說就會被取代。不過他碰上了一種不論看來多麼不可行，後來終究明顯成真的觀點。而且還不只是成真，最後還為一種在詭異的次原子粒子世界運作的全新型態物理學奠定了根基。量子力學從普朗克的量子權宜構想開始，結果能說明粒子在微小尺度的行為，就如同牛頓力學能說明較大系統的行為。這是個亂七八糟的領域，裡面充滿令人不敢置信，讓腦筋打結的設想。愛因斯坦認真看待量子。他的光電效應研究（見第 53 頁）沿襲普朗克運用量子的手法，不過他是應用來探究光。愛因斯坦推想，光子的能量說不定足夠把一顆電子轟出原子；一串被轟出來的電子，便集結成一股電流。他的構想起初並不太受歡迎，因為這公然違逆了馬克士威的方程

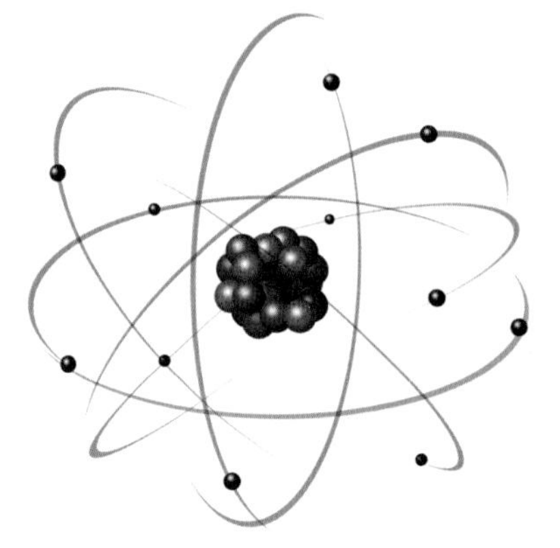
波耳的原子模型，電子通常都穩穩待在它們的指定殼層上繞核運行。

組，罔顧光是種波的傳統想法。物理學在這裡第一次遇上了波粒二象性（wave-particle duality）——有時作用像波動，有時像粒子的性質。

太陽能板運用光電效應，借助轟擊半導體的光子來發電。

聰明的光

另一項發現還更耐人尋味，光似乎「知道」該怎樣做來討好實驗者。設計實驗來測試光的行為時，若是把光當成波，則光的舉止就像波。設計實驗來測試光的行為時，若是把光當成粒子，則光的

尼爾斯・波耳（Niels Bohr, 1885–1962）

丹麥物理學家暨哲學家波耳的研究成果，對量子力學的發展發揮了關鍵影響力，把粗略的假設轉變成切實可行的概念。他以量子物理學拓展了拉塞福的原子結構理論，並解釋了氫的頻譜。不過他從來沒有低估箇中複雜程度，並曾一度論稱：「你永遠沒辦法了解量子物理學，你只能習慣它。」波耳先在哥本哈根大學求學，後來才搬到英格蘭，進入劍橋和曼徹斯特深造。接著他回到哥本哈根並創辦了理論物理研究所（Institute of Theoretical Physics）。1922 年，他獲頒諾貝爾物理學獎。第二次世界大戰期間，他加入原子彈開發團隊。他的事業生涯原本有機會踏上非常不同的路徑——1908 年，他差點獲選為丹麥國家足球隊的守門員。足球界失去英才，而物理學界佔了便宜。

阿爾伯特・愛因斯坦（左）和尼爾斯・波耳。

舉止就像粒子。要想抓到它的把柄是完全辦不到的。讓一束光穿過兩道狹縫照射一道屏幕，結果就會生成交雜明暗條紋的標準干涉圖樣。當光線一步步黯淡下來，到了一個程度，光子一顆顆魚貫穿過，照射屏幕，每次一顆現身時就發出一道閃光。然而就總體而言，累積圖案依然是幅干涉圖像。光子似乎「知道」，前面是開了一道或兩道狹縫，倘若開的是兩道，那麼不論光子相隔多久才射向屏幕，最後仍會累積形成干涉條紋。每顆光子似乎都能同時穿過兩道狹縫。倘若一道狹縫關閉了，即便是在光子展開它的旅程之後才關閉，光子就只會穿過開啟的那道狹縫。進一步再往前推，若是在當中一道狹縫裝了一具感測器，能察覺光子是否通過該狹縫或是走另一道。這時光子彷彿不願意被人抓到把柄，也就不再產生干涉圖樣——突然之間，它們的舉止就像粒子。

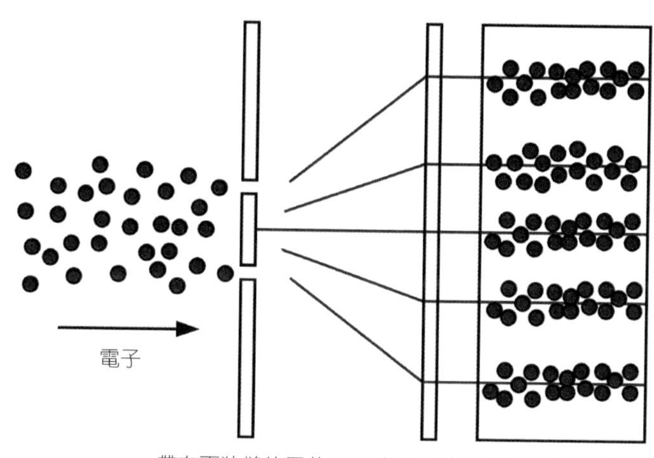

雙狹縫實驗以光來產生繞射圖樣，使用電子同樣能產生這種圖樣，這顯示它們同樣能表現波的舉止。

彷彿這還不夠奇怪，法國物理學家路易－維克多・德布羅意（Louis-Victor de Broglie, 1892–1957）還在 1924 年推斷，構成物質的粒子也能表現波的舉止。這就表示，波粒二象性隨處可見，而且所有物質全都有個波長。他認為電子也可能表現像波，產生像光的繞射作用。從那時開始，更大型粒子——質子和中子甚至原子和分子——也經觀測表現出波粒二象性。德布羅意的這項研究是他的博士論文。他在這當中推斷，電子是環繞可容許佔用之軌道運行的波，可允許軌道的能階都是該波動的諧波，因此波動總是彼此強化。他說，只要證實電子受晶格影響產生繞射，就能驗證這項理論為真。這在 1927 年，由兩組實驗分別在美國和蘇格蘭成功驗證。執行實驗的三人當中的兩人，共同獲頒 1937 年諾貝爾物理獎來表彰這項成就。

德布羅意這項成果的重要性在於，他證實波粒二象性適用於所有物質。他的方程式表明，一顆粒子（或任意事物）的動量與本身波長之乘積，等於普朗克

常數。由於普朗克常數非常小，任意事物只要尺寸大於分子，則與該實際尺寸相比，波長就顯得很小。所以我們沒必要操心類似巴士或老虎這等事物的波長。不過當我們考量愈來愈小的粒子，這時它們的波動性質就變得重要了。

牛頓再現

粒子有可能實際表現類似波，經過愛因斯坦在 1905 年解釋箇中道理之後，這似乎也不是那麼不可能了。

愛因斯坦在他的狹義相對論的一則附錄裡面，納入了下列方程式的一個（不那麼簡練的）早期形式，轉譯成白話說明如下：

能量＝質量 × 光速平方

如今比較熟悉的寫法為

$$E=mc^2$$

巨人和他們的肩膀

古典物理學發軔於牛頓，從他的 1666「奇蹟之年」正式開始。物理學重生始於量子力學，其開端是愛因斯坦在 1905 年發表狹義相對論。兩位科學家都取法許多早期科學家的研究成果並進一步發展，最後才得以頓悟。他們的發現歷經多年仍迴盪不已。

這是一項撼動世界的成果，重要性可以和牛頓的《原理》相提並論。愛因斯坦的方程式說明，能量和物質是相同的，只是形式不同。物質可以轉換成非常巨大的能量。這構成核電和核武器的核心基礎，兩邊都藉由招惹原子核，換得釋出的能量。

拉塞福和波耳的原子模型都有個根本

波和粒子

諾貝爾物理獎的歷史完美反映了波粒二象性的沿革。喬治・湯姆森（George Thomson）演示電子之波性質，成為與德布羅意〔見右方照片〕共獲諾貝爾獎的人士之一。喬治・湯姆森的父親就是說明電子是粒子，獲頒 1906 年諾貝爾獎的 J.J. 湯姆森。如今認為他們兩人都沒有錯；兩人的解釋都依然為人採信。（諾貝爾獎得主是不容許犯錯的。）

問題，而且在牛頓物理學的「花園圍牆」裡面是找不到解法的。由於電子帶負電，必然受到帶了正電的核心吸引。它必須加速才能待在軌道上，然而這樣一來，它就會耗用能量，並不斷以電磁輻射放射出來。電子這樣喪失能量，很快就會盤旋墜入核心，而原子也會隨之崩解。「很快」實際上是太過輕描淡寫——這大約只需百億分之一秒。

解答這道謎題需要許多物理學家的貢獻，不過當中最重要的一項，出自奧地利理論物理學家埃爾溫·薛丁格（Erwin Shrödinger, 1887–1961）。

是波或是粒子？

倘若有某顆粒子表現出波的舉止，我們是否真能指出它所在位置？這就是薛丁格提出並試行求解的問題。他放棄電子依循固定軌道運行的見解，理由在於根據量子力學，我們不可能指出電子的確切位置。他的結論是，我們可以根據我們對波的認識和對數學概率的了解，就粒子的可能位置提出一個概率，不過我們沒辦法指出它的精確位置。後來這就稱為薛丁格方程。運用該方程來描述電子，我們就可以說明，電子大概有百分之八、九十的可能性是位於某特定區域，不過依然有很低的機率是位於其他地方。最後我們就只得到一個「波函數」，由此來描述該波／粒子有多大機會是位於某特定位置。

太空火箭正研發使用核動力來發出運轉所需的龐大能量。

舉個尺寸大於電子的例子，若一隻蒼蠅飛入一個密閉盒子，這時蒼蠅波函數便指出了該蒼蠅位於盒內任意特定位置的機率。蒼蠅不可能出現的位置，波函數都傾向於零。所以若盒子部分範圍太窄，蒼蠅進不了，則該定點的波函數就為零（盒子外面也同樣如此，不過得確認盒子沒有破洞，蒼蠅逃不出來）。薛丁格是在 1926 年，德布羅意初步完成波粒二象性原理短短兩年過

阿爾伯特·愛因斯坦（Albert Einstein, 1879–1955）

愛因斯坦生於德國烏姆（Ulm），由於父親經商遇上困難，不得不四處搬遷，因此他童年期間也住過瑞士和義大利。儘管後來獲讚譽為天才，愛因斯坦早年並不被看好。他的父親懷疑這個兒子發展遲緩，還曾為此求教專家，愛因斯坦起初由於數學表現未達標準，無法進入蘇黎世理工學院（Polytechnic at Zurich）。他想在學界求職不成，於是進入瑞士伯恩專利局工作。結果這卻成為正確的一步，因為他在那裡工作表現優異，又有充分的閒暇和智能，來追求他在物理學上的興趣。他在專利局工作期間，抽空研讀物理學，發表了五篇改變世界的論文，範圍涵括光電效應、布朗運動和狹義相對論。

1909 年，愛因斯坦憑著他發表的研究，在蘇黎世找到了一個學術職位。他在 1921 年獲頒的諾貝爾獎，是為了表彰他的早期研究成果。他的狹義相對論只適用於常速、一致的運動，不能說明重力，對此侷限他並不滿意，於是著手構思出一套無所不包的相對性理論。他發現這項工作比當初設想還更困難。在數學上備嘗艱苦，不過最後仍在 1916 年發表了廣義相對論。他以兩套相對論，重新定義了我們對空間、時間、物質和能量的想法。當天文學家愛丁頓證實重力能彎曲光線（見第 60 頁），檢驗確認愛因斯坦的部分理論後，愛因斯坦也隨之成為一位國際科學巨星。愛因斯坦為逃避納粹對猶太人的迫害而遷往美國。此後餘生都在美國度過，棲身普林斯頓大學（University in Princeton）。

儘管愛因斯坦曾協助從事原子彈初步研究，不過他對涉入這項研究很感懊惱，後來還投入宣導裁減核武軍備。他還為建立以色列國奉獻心力。他持續進行理論物理學研究工作，致力尋找一個統一場論——能解釋宇宙萬象的單一理論或一群相關理論——直至生命終點，最後終究沒有成功。他始終沒有完全認可量子力學的發展成果（見第 125 頁）。

後，就構思出他的這則方程。

薛丁格的模型描述電子位於一個概率雲的某處，以此來代表它可能出現的所有地方。這團雲霧最緻密的地方，就是電子最可能出現的範圍，最稀疏的地方，就是它比較不可能出現的區域。你每次做測量都可能得出不同的結果。不過倘若你做的測量次數夠多，其中有些——最有可能的結果——就會出現得比其他的更為頻繁。這些有可能的結果，和波耳推斷的能階相符。結果發現，薛丁格的模型能得出精確的結果，並不受波耳

一群偉大物理學家 1929 年齊聚芝加哥：（從左起）亞瑟．康普頓（Arthur Compton）、維爾納．海森堡、喬治．蒙克（George Monk）、保羅．狄拉克、霍斯特．埃克哈特（Horst Eckardt）、亨利．蓋爾（Henry Gale）、羅伯特．馬利肯（Robert Mulliken）、弗里德里希．洪德（Friedrich Hund），以及弗蘭克．霍伊特（Frank Hoyt）。

模型的先天限制束縛。然而，以概率來取代確定性，卻讓量子物理學界陷入一場騷亂。

就在薛丁格投入探究電子的波動模型之時，德國物理學家維爾納．海森堡（Werner Heisenberg, 1901–1976）也投入開發自己的電子數學模型，不過他偏好探究電子進行的軌道間量子躍遷。他和薛丁格同樣在 1926 年發表結果。在此同時，英國物理學家保羅．狄拉克（Paul Dirac, 1902–84）也發展出第三種

維爾納．海森堡（左）和朋友一起游泳。就算是核物理學家，偶爾也會輕鬆一下。

更偏數學和理論性的模型。事實上，狄拉克還繼續驗證另兩種模型——海森堡的和薛丁格的——其實是等價的，而且他們三個人談的都是同一回事，只是說法略有不同。三人同獲一項諾貝爾獎，來表彰他們對量子力學的貢獻。

我們能確定嗎？

海森堡在 1927 年陳述的「測不準原理」斷言，我們不可能完全知道一顆粒子的一切。依他所見，量子力學的一項重大推論就是，要同時測知一顆粒子的所有層面是不可能的。若我們測量它的位置和速度，我們可以在一定限度之下，同時知道兩者，不過若是提高一項測量的準確度，則另一項就會比較測不準。觀測動作本身就讓該粒子的速度比較不明確。這是有關測量的量子描述的一項基本特質，無法藉由改變觀測方法或工具來迴避。

海森堡起初是以一項臆想實驗來討論測不準原理。舉例來說，我們可以對運動粒子照射光線來測定它的位置，這時就有可能出現兩種不同結果。一種是一顆光子被吸收，促使原子裡面的一顆電子向另一個能階躍遷，這時我們就改動了那顆原子，於是我們的測定結果就錯了。另一種結果是，光子直接穿透，並沒有被吸收，這樣一來，我們就根本沒有完成測量。

倘若我們試行把「粒子」和光子都當成波—粒子來看待，那麼測不準原理還會變得更為複雜。海森堡意識到，原來測不準原理不只影響到現在，還影響到過去和未來。由於位置始終完全就是一群概率的組合，要確定一顆粒子的軌跡，可不像表面看來那麼單純。誠如海森堡所說：「軌跡唯有在我們觀察時才存在。」相同道理，未來軌跡也無法肯定預測。

牛頓物理學處理的是必然性和因果關係，這是種確定性模型，有知識就能預

接下來我能朝哪裡去？電子的謎題

整套量子力學可以從測不準原理開始建構。回顧牛頓力學所提原子模型的初始問題，為什麼電子不直接墜入核心，和它同歸於盡，就此，海森堡的原理提出了一項解釋。一顆粒子在特定軌道的動量為已知數，所以它的位置不可能精確得知——它就只是在軌道上某處。然而，倘若粒子墜入核心，則它的位置就屬已知——同時它的動量也會變成零，而這也屬已知。因此電子墜入核心便違反了測不準原理。它就是不容許這樣做。事實上，原子的最小軌道（請看氫原子的電子軌道），就是在不違反測不準原理情況下的最小可能軌道——數學確實有用。原子的尺寸以及，沒錯，它們的存在，完全取決於測不準原理。

測。新的量子力學似乎顛覆了這一切，起碼就原子層級來講。這套學說在某些圈子裡極不受歡迎：就連愛因斯坦都不信任它，甚至還曾表示，「上帝不擲骰子」，不過他依然得採信數學運算。的確，從初入二十世紀階段開始，數學模型的運用，已經逐一把實驗物理學當中可以在實驗室試驗的事項一步步取代了。得到數學計算支持的臆想實驗，已經成為新的、大半是理論的物理學的支柱。

哥本哈根詮釋

薛丁格集中研究波粒二象性的波動層面，而海森堡則比較專注於躍遷。海森堡以矩陣形式呈現他的成果，而薛丁格則以微分方程來從事研究。接著，兩群物理學家，分別以這兩種途徑為核心，形成了兩個不同的陣營，也各自認為另一種途徑是錯的。

1927 年，波耳、海森堡和德國出生的物理學家馬克斯．玻恩（Max Born, 1882–1970）合作研究，把量子理論明顯矛盾的各向度結合起來，提出了一個綜合解釋，稱為「哥本哈根詮釋」（Copenhagen Interpretation）。這項詮釋說明，其實並非原子或光子在任意時點「選擇」要表現波或粒子的舉動，也不因為它們真是波或粒子：它們表現出看來像波或粒子，其實是一體的兩面。我們看到哪種，還有我們如何詮釋它們

> 「任何人若沒被量子理論所震撼，那就是還不了解它。」
>
> 尼爾斯．波耳

的行為，取決於我們在尋找什麼，還有我們如何觀測它們而定。光同時是波也是粒子，不過唯有在我們測量時，它才表現出當中一種樣式。測量或觀察行動決定結果，肇因於我們選擇進行哪種觀測。當測量完成，並判定為波或粒子，這時我們就說波函數縮併了。更精確來講，它即刻、斷然改變成和測量結果有關的波函數。

波耳認可測不準原理的重要性，不過他進一步超越海森堡並指出，這個問題並不是出自做測量時帶來的有形干擾，而是牽涉到一個更根本的課題——做測量這個行動本身，就改變了接受檢視的情境（或系統）。這讓科學方法的整個前提都令人產生質疑。倘若測量或觀察行動本身就會影響結果，那麼也就不會有客觀的觀察者了。

箱子裡的貓

波耳的解釋沒有讓所有人都開心。薛丁格描述一項臆想實驗來表達他的鄙夷，並以此論證哥本哈根詮釋的荒誕之處。薛丁格的實驗當中有個箱子，箱裡關了一隻貓，還放了一個含有微量放射性物質的裝置、一具蓋革計數器、一小

薛丁格的貓，既死也活，待在一個有毒也無毒的箱子裡。

瓶鹽酸以及一把鎚子。依設備的配置方式，倘若放射性物質有一顆原子出現衰變，釋出的粒子經檢測察覺之後，就會觸動鎚子打破瓶子，釋出氣體讓貓中毒。原子是否衰變的機率相等，而且貓不能干擾實驗設備。貓留在箱子裡面一個小時。一小時結束後，貓的存活（死亡）機會便為 50:50。依照波耳所述和哥本哈根詮釋，貓的（死活）狀態，必須等到我們檢視箱內情況才確立下來。他說，這很荒謬。

多重宇宙

就這項「一切事物在觀察之前都存在於一種機率雲當中」的不討喜構想的另一種反響是「多世界」模型，由美國物理學家休．艾弗雷特三世（Hugh Everett III, 1930–82）在 1957 年提出。這個模型主張存有為數無窮的平行宇宙，能針對所有可能的問題，對應所有可能的結果。每遇上一個決策點（或觀察點），都分裂出一個新的宇宙。別的不講，這能幫我們應付無窮盡的難題。倘若每當你選擇喝茶或喝咖啡，或每當蝌蚪決定向左或向右游動，或者一根樹枝跌落時是不是掉在屋頂上，都得分裂出一個新的宇宙，那麼想必就有多得不得了的宇宙——藏在某處。

量子纏結：愛波羅悖論

愛波羅悖論（EPR paradox）是愛因斯坦—波多爾斯基—羅森悖論（Einstein-Podolsky-Rosen paradox）的簡稱。愛因斯坦是不願接納哥本哈根詮釋的人士

埃爾溫．薛丁格。

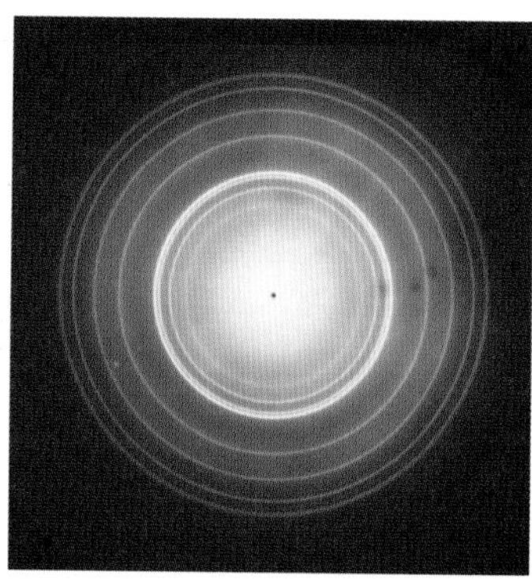

鈹的電子繞射圖樣。

之一。1935年，愛因斯坦和鮑里斯·波多爾斯基（Boris Podolsky, 1896–1996）與納森·羅森（Nathan Rosen, 1909–95）兩位美國物理家構思出所謂的愛波羅悖論。假定一顆靜止不動的粒子衰變，生出另兩顆粒子。它們肯定具有大小相等，方向相反的角動量，才會相互抵消（角動量守恆），而且它們的所有其他量子性質，也肯定同樣保持均衡，這樣才能讓母粒子的種種性質守恆。當兩顆粒子放射出去，分道揚鑣之後，粒子間的牽連也必然繼續留存下來。倘若我們測量一顆粒子的一種性質，我們也就讓另一顆粒子那同一種性質的波函數縮併——它不可避免即時受到影響。就如薛丁格的貓，愛因斯坦的纏結粒子也經刻意設計，用來顯示哥本哈根詮釋是多麼地荒誕不經，結果最後卻反而強化了那項詮釋。粒子間的纏結現象後來經過驗證，其中有些還分隔了好幾公里。

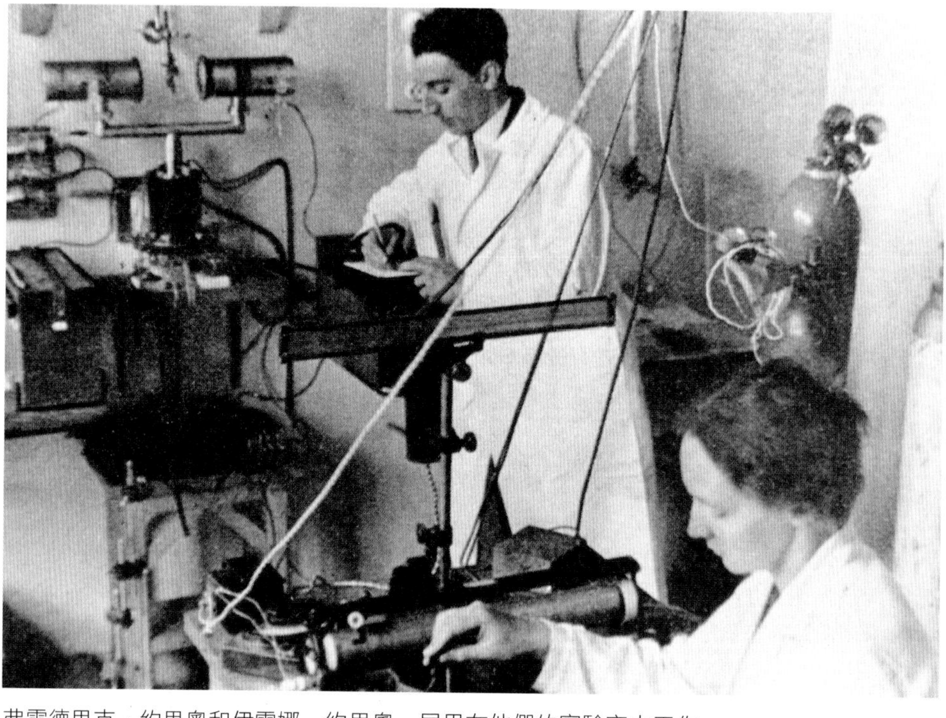

弗雷德里克·約里奧和伊雷娜·約里奧—居里在他們的實驗室中工作。

纏結還可能派上實際用場，提供（使用量子位元〔qubit 或 quantum bit〕的）電腦高速運算新法，即時通訊和加密。

搜尋更多原子粒子

電子受了轟擊就很容易脫離原子，這是我們很早就知道的現象，因為電子就是這樣在 1897 年為人發現。到了 1930 年代早期，瓦爾特・博特（Walter Bothe, 1891–1957）和伊雷娜・約里奧—居里（Irène Joliot-Curie, 1897–1956，瑪麗和皮埃爾・居里的女兒）以及伊雷娜的丈夫弗雷德里克・約里奧—居里（Frédéric Joliot-Curie, 1900–58）發現，向鈹發射 α 粒子輻射會生成另一類輻射。此輻射很擅長從其他元素撞出某種東西，不過當下並不清楚那是什麼東西。約里奧—居里在 1932 年 1 月發布他們的結果。英國物理學家詹姆斯・查德威克（James Chadwick, 1891–1974）立刻複製實驗並解釋這種作用，他推斷，α 粒子轟擊鈹原子核並敲出了一些碎片。早先他曾想過，這些「碎片」是質子—電子對，因為碎片沒有（或有均衡的）電荷。

詹姆斯・查德威克以他在 1932 年 2 月間進行的中子研究贏得諾貝爾獎。

縱貫 1920 年代全期，查德威克一直在尋找一種中性粒子，他預料這會是質子和電子束縛在一起的粒子形式。不過他的最重要成果，讓他在 1935 年獲得諾貝爾獎的那項研究，卻是直到最後，才終於在 1932 年 2 月的幾個繁忙日子加緊趕工完成。他在 1934 年完成的測量，

競逐中子身分的粒子

在查德威克聲明他的核中不帶電粒子叫做「中子」之前兩年，奧地利物理學家沃夫岡・包立（Wolfgang Pauli, 1900–58）已經先拿同一個名字來指稱一種據他推斷在 β 輻射時從原子核放射出的理論粒子。他的構想在當時幾乎沒有造成絲毫衝擊，於是查德威克才得以剽竊那個名稱而不惹出任何麻煩。包立的粒子在 1950 年代終於經過驗證確實存在，如今我們稱之為微中子（見第 135 頁）。

推翻了他最早的結論，因為那種粒子太重了，不可能是一顆質子和一顆電子束縛在一起形成的。他歸結認為，肯定有種新的次原子粒子——不帶電的種類，他稱之為中子。這樣一來，我們很容易就能解釋，化學元素為什麼具有原子量互異的變異型（稱為同位素）。某特定元素的所有同位素，肯定都含有相等數量的質子和電子，不過中子的數量就不相等。

中子稱得上是原子界的超級巨星。它讓驅動核能電廠和引爆原子彈的連鎖反應得以成真，更由於它不受正、負電荷影響產生偏轉，因此還可以用來探測其他原子的結構。

不同年齡的岩石

1920 年時，弗雷德里克·索迪（Frederick Soddy）洞燭機先，看出一種同位素改變（衰變）成另一種同位素或元素的方式，具有為岩石定年的潛在用途。這種做法如今已經有廣泛用途。舉例來說，碳 14 可經由 β 衰變，以已知速率轉變成氮 14——花 5,730 年（它的半衰期）就會蛻變衰減半數。因此只需測定岩石中留存的碳 14 對氮 14 比率，我們就有可能算出岩石的年齡。這項技術稱為碳定年。

束縛聚攏

質子和中子都緊密簇擁在原子核內，而原子核的大小，只佔整顆原子的微小比例——約為 10 萬分之一。倘若原子直徑如足球場尺寸，則原子核大小就如一粒沙子。倘若原子像地球這麼大，原子核寬就為 10 公里。然而，質子的荷電相同，應該彼此互斥。那麼，它們為什麼始終都能一起緊緊塞在原子核裡面？這可以用所謂的強核力來解釋，這種力最早在 1934 年由日本物理學家湯川秀樹（1907–81）提出。他推斷，那種力的載體是質子和中子相互交換的一種粒子，稱為介子。介子是種短命的粒子，只存續幾億分之一秒。

電力、磁力與重力都服從平方反比定律，強核力就不同了。強核力非常強——達電力的百倍強度——作用距離非常短，最長為 10–13 公分，一旦超出這個距離，它就完全消失，不再有絲毫作用。在一顆原子核半徑範圍內，強核力強得足以克服質子之間的靜電斥力。即便如此，它仍不會把質子壓迫得太過靠攏，相互碾碎——它讓質子間保留一段微小距離。力的作用範圍約束原子核的尺寸。π 介子是核力的真實媒介，1947 年由三位物理學家，英國的塞西爾·鮑威爾（Cecil Powell, 1903–69）、巴西的塞薩爾·拉特斯（César Lattes, 1924–2005）和義大利的朱塞佩·奧基亞利尼（Giuseppe Occhialini, 1907–93）共同

發現，當時他們是在研究宇宙射線的產物。湯川秀樹在 1949 年獲頒諾貝爾獎，褒揚他的這項預測。

瓦解星散

當許多物理學家尋覓原子如何結合之時，另有些人則投入探究原子如何分裂。亨利．貝克勒發現了放射性之後，分朝幾個方向進行進一步研究。拉塞福

位於法國卡唐翁（Cattenom）的核能電廠。

鈾 238 的放射性衰變鏈

放射性同位素衰變時會轉變成另一種元素，子核種（daughter nuclide）。這可能同樣具有放射性，導致進一步衰變。半數同位素衰變所需時間稱為該元素的「半衰期」。鈾 238 會歷經 14 個階段，自然衰變為鉛 206，各階段羅列如下：

元素	衰變類型	半衰期	子核種
鈾 238	α 放射	45 億年	釷 234
釷 234	β 放射	24 天	鏷 234
鏷 234	β 放射	1.2 分	鈾 234
鈾 234	α 放射	240,000 年	釷 230
釷 230	α 放射	77,000 年	鐳 226
鐳 226	α 放射	1,600 年	氡 222
氡 222	α 放射	3.8 天	釙 218
釙 218	α 放射	3.1 分	鉛 214
鉛 214	β 放射	27 分	鉍 214
鉍 214	β 放射	20 分	釙 214
釙 214	α 放射	160 微秒	鉛 210
鉛 210	β 放射	22 年	鉍 210
鉍 210	β 放射	5 天	釙 210
釙 210	α 放射	140 天	鉛 206

和英國放射化學家弗雷德里克·索迪（Frederick Soddy, 1877–1956）合作在 1903 年發展出一個放射性衰變模型。他們解釋道，重元素原子有可能很不安定而出現衰變，有些會失去一顆 α 粒子（氦核），或一顆中子會衰變為一顆質子並放射出一顆 β 粒子（電子）。就這兩種情況，原子核中的質子數都出現變化，於是原子也就變成另一種元素。他們預測，鐳衰變會生成氦，這項成果隨後在 1903 年由索迪和蘇格蘭化學家威廉·拉姆齊（William Ramsay, 1852–1916）爵士在倫敦合力落實。索迪在 1913 年表明，放射一顆 α 粒子會導致原子序數減二（肇因於衰變失去兩顆質子），而放射一顆 β 粒子則會導致原子序數加一（由於一顆中子衰變為一顆電子和一顆質子，接著電子失逸，質子留存，故原子序提增）。索迪創出「同位素」一詞，來描述一種元素具不等原子質量的變異型式。

> 「我們或許有可能在這些過程中取得遠超出質子所供應的能量，不過就一般而言，我們沒法指望以這種做法來取得能量。這是非常差勁又效率低落的能量生產方式，任何人謀求在原子轉換作用中尋覓動力來源，都無異癡人說夢。不過就科學來看，這倒是個有趣的課題，因為這能帶我們深入洞察原子。」
>
> 《泰晤士報》1933 年 9 月 12 日所刊有關拉塞福一場原子能演講的報導

拉塞福在 1919 年發現，若以 α 粒子轟擊氮，則氮會轉變成氧的一種同位素，而且過程會失去一顆氫核（單一質子）。這是一種元素化為另一種元素的第一種人為遷變現象——多少世紀以來的鍊金術士都十分看重的目標，不過他們有更高的雄心抱負，目的是把賤金屬轉變成黃金。這不是踏進鍊金術新世界的第一步，卻成為踏進核物理國度的第一步。從 1920 到 1924 年間，拉塞福和查德威克論證說明，較輕元素受 α 粒子轟擊

恩里科·費米

時，多半會放射出質子。

駕馭連鎖反應

我們能以人為方式促使一種元素轉變成另一種，並有可能產生龐大的動力來源。引爆原子彈或駕馭核能發電釋出的能量，都出自核連鎖反應，這時一顆衰變原子放射粒子，並以之觸發另一顆原子衰變。

伊雷娜和弗雷德里克．約里奧－居里夫妻在 1934 年察覺誘發放射作用，並發現以 α 粒子轟擊某些元素，有可能讓它們轉變成不安定的放射性同位素，接著就開始衰變。義大利物理學家恩里科．費米（Enrico Fermi, 1901–1954）擴充他們的研究，使用慢速中子來產生效能更強的誘發放射作用。費米使用中子轟擊鈾，認為自己造出了一種新的元素，命名為 hesperium。不過到了 1938 年，德國和奧地利一群共四位科學家發現，費米的技術其實是把鈾分裂成兩個約略相等的部分。這個過程就是核分裂。

匈牙利物理學家利奧．西拉德（Leó Szilárd, 1898–1964）意識到，核分裂反應釋出的中子，可以用來觸動其他原子產生相同反應，促成一種自我維持的連鎖反應。西拉德在倫敦時，《泰晤士

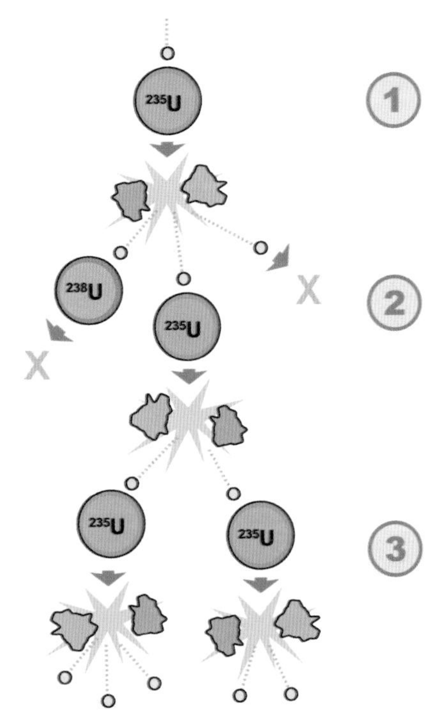

以中子轟擊誘發鈾 235 衰變從而促成的連鎖反應。

世界第一座核反應爐 1942 年於芝加哥進入自持運轉（當時沒有攝影師在場）。

「我們撥轉開關，看見陣陣閃光，我們凝神觀看一陣子，接著把所有東西關掉，然後回家 … 當晚，我心中幾乎不存絲毫懷疑，世界就要面臨不幸。」

利奧．西拉德

談 1938 年在曼哈頓的哥倫比亞大學使用鈾成功啟動連鎖反應

報》刊出的一篇文章把他惹惱了，那篇報導提到拉塞福所提見解，認為想要駕馭原子所含能量，實務上是不可能的。西拉德徒步前往聖巴多羅買醫院（St Bartholomew's Hospital）上班途中，在布魯姆斯伯里（Bloomsbury）南安普敦路等紅燈時，想出了核連鎖反應的可能運作方式。隔年他為此請得專利。沒錯，連鎖反應和核反應的專利權原本都屬於西拉德所有（核反應專利是與費米共同持有），不過他在 1936 年把核連鎖反應專利讓給英國海軍部。西拉德是原子彈開發作業的主要推動人（見邊欄）。

弗雷德里克．約里奧—居里在 1939 年得出支持連鎖反應的實驗證據，包括美國、英國、法國、德國和蘇聯在內許多科學家疾呼敦促籌款挹注核分裂研究。第一座啟動運作的核反應爐是芝加哥 1 號堆，時間為 1942 年 12 月，建造目的是要製造鈽，供製造核武使用。

世界解放了——也或許沒有

利奧．西拉德蒙受一部小說的啟迪，那是英國作家 H.G. 威爾斯（H.G. Wells）寫的《解放的世界》（*The World Set Free*, 1914），書中寫到一種新型武器，釀成浩劫的「原子彈」。威爾斯的虛構原子彈持續爆炸了好幾天。這促使西拉德開始認真思忖，該如何駕馭核連鎖反應，製造出真正的原子彈。

西拉德在 1938 年搬到美國，一年後他說服愛因斯坦，和他一道寫信給美國總統富蘭克林．羅斯福，敦促他的政府設立一項原子彈開發計畫，作為防範納粹德國領先開發出核武的風險反制措施。後來這就發展成曼哈頓計畫。依西拉德設想，那項計畫是為了保護世界，免除威爾斯筆下浩劫毀滅的手法，因為他期望那種炸彈只用來作為威嚇手段，不會真正投入使用。隨後研究掌控權轉入軍方手中，他也愈來愈感到悔恨，於是力主進行原子彈展示試驗，別真的造成生命損失，只向日本展現武力招降，結果建言遭美國政府回絕。兩枚原子彈在 1945 年分別投落日本的廣島、長崎兩座都市，釀成巨大慘禍，殘害了成千上萬條人命。第二次大戰戰後，西拉德料到會出現冷戰形式的核武僵局。他退出物理學界，專注從事分子生物學研究。

1945 年 8 月，兩枚原子彈分在廣島（左）和長崎（右）上空引爆的情景。

古典原子的末日

依循波耳的模型，要想從古典物理學角度來解釋原子的行為，已經是完全辦不到了。微小的核心內含質子和中子，並由強核力束縛在一起。其餘空無空間則有電子在它們的指定殼層呼嘯繞行，永遠不會偏離它們的軌道，不過在適當情況下，仍能在不同軌道間躍遷。古代人認為原子是不可分割的，依循這個概念，他們不只是很難理解，原子是以電子、質子和中子組成，恐怕也無從領會，質子和中子本身，怎麼還可以進一步分解。二十世紀後半段發現了夸克，也確認夸克是藉由一種以膠子居間傳遞的力束縛在一起。有趣的是，這種力正是強核力——也就是負責把質子和中子束縛在一起的那種作用力。沒錯，束縛質子和中子的作用，稱得上是種殘留效應。作用於夸克的強力，才更有趣得多。強力不因距離拉長而削弱，反而隨之增強至極大，在明顯大於一顆質子或中子尺寸的所有距離都是如此。膠子最早是在 1979 年，以德國的正負電子對撞機，「正負電子串列存儲環型加速器」（PETRA）偵測發現。

質子和中子都是強子，所有強子都以三顆夸克（重子）或一顆夸克和一顆反夸克（介子）所組成。史丹福直線加速器中心（Stanford Linear Accelerator Center）在 1968 年完成的實驗披露，質子並非不可分割的，而是以更小的點狀物體所組成，這些物體費曼稱之為「成子」。夸克模型在 1964 年就已經提出，然而成子卻沒有馬上經辨認為夸克。夸克區分六味，分別為：「上」、「下」、「頂」、「底」、「奇」和「魅」（「頂」和「底」夸克有時也分別稱為「真」和「美」夸克）。反物質夸克——反夸克具有反味（antiflavour），結果便產生出「反奇」夸克和「反上」夸克一類的古怪概念。在日常生活當中，這些名稱或許會稱為「凡俗」和「下」，不過在夸克古怪世界當中，「下」並不等於「反上」。

質子和中子都是重子，也是唯一安定的強子，不過中子只在原子核內才安定。目前已知的或預測的重子總計約有四十種，另外還有約五十種已知的或預測的介子。它們的名稱都很怪誕，好比「雙電荷底歐米伽」（double charged bottom Omega，這是種重子，質量和存續時間都屬未知）。有些非常短命（甚至根本不存在），好比只存續 5.58×10^{-24} 秒的德爾塔重子（delta baryon）。（這表示必須有數量三十倍於宇宙恆星數的德爾塔粒子，才能存續一秒鐘。）最早發現的介子是 K 介子（kaon）和 π 介子，1947 年發現於宇宙射線。

次原子粒子種類繁多，超出本書篇幅範圍，不過這裡只需說明，目前仍有許多尚未發現、證明的種類，有些具有未知的性質和作用。

鴨子聒聒叫

「夸克」這個稱法由默里．蓋爾曼（Murray Gell-Mann）選定。蓋爾曼在 1964 年和另一個人分別提出夸克存在，他取鴨子發出的聲音來為夸克命名，原本希望發音如「括克」（kwork），不過他一時拿不定主意該怎樣拼寫。後來他在詹姆斯．喬伊斯（James Joyce）的《芬尼根守靈夜》（*Finnegans Wake*）書中找到「quark」這個詞，這才下定決心採用：

向麥克老大三呼夸克！
他聽見的肯定不似狗鳴。
他的所有無不偏離靶心。

物質和反物質

1927 年，狄拉克發表了一項描述電子的波動方程式，這是一項傑作，能完全遵守狹義相對論的必要條件（見第 122 頁）。不過它有一點很令人稱奇，方程式有兩個解；一個描述熟悉的電子，另一個描述和電子等價但帶了正電的東西。起初狄拉克嘗試拿它來和質子相提並論，不過它的質量太大了。另有些研究則指出，只要投入充裕能量，就有可能產生出一對質量相等，電荷相反的粒子。卡爾・安德森（Carl Anderson）在 1932 和 1933 年，分別發現了一種如狄拉克所預測的帶正電粒子的徑跡。他稱之為正子（positron）。另有些人認定那是歷來發現的第一種反物質粒子。此後更發現了正子在醫學造影技術上的實際用途，稱為正子放射斷層攝影（positron emission tomography, PET）掃描儀。如今我們知道，所有粒子都有性質完全相反，互相匹配的反物質粒子。

夸克名稱出自默里・蓋爾曼。

鬼魂粒子

微中子是相當耐人尋味又難以捉摸的粒子，1930 年由包立率先提出。他需要這種粒子來讓一項方程式左右平衡。當一顆放射性原子的核心衰變，釋出的能量應該等於原本的量值。結果包立卻發現情況並非如此。失去的能量超過測量值，這就表示反應釋出了某種未能以偵檢器察覺的東西。包立明白，β 衰變期間放射的電子，表面上可以具有任意數量的能量，各類別的原子核各具一個最高上限。然而倘若如此，這就會違反能量守恆定律。包立的基進解法是推斷存有另一種不帶電的粒子，那是種沒有量子化的粒子，能攜帶任意數量的動能，直到一個預設的最大值。他把他的潛在粒子命名為「中子」，然而過了兩年，查德威克卻採用了這個名字來指稱另一種粒子，那就是如今我們所稱的中子。

1933 年，費米為包立的神祕粒子創制了「微中子」名稱。費米推斷，一顆中子衰變化為一顆質子和一顆電子（出了原子核，它同樣會衰變）以及一顆不帶電的新粒子，也就是微中子。微中子接著在 β 衰變時隨一顆電子一起放射出來。微中子一直屬於理論預測，直到 1953 年，弗雷德里克・萊因斯（Frederick Reines, 1918–98）和克萊德・科溫（Clyde Cowan, 1919–74）兩位美國物理學家才偵檢到它們。他們把大型水槽擺在核反應爐附近，當成「微中子採集器」。他們計算出，反應爐每秒可以生成十兆顆微中子，最後設法偵檢出每小時三顆。顯然許多都逃逸無蹤，不過他們發現的那少數，提供了迫切需要的證據，證實微中子果真存在。

> 「今天我做了一件非常糟糕的事，我提出了一種無從偵檢的粒子。這是任何理論學家都絕對不該做的事情。」
>
> 利沃夫岡．包立的日記
> 1930 年

微中子的質量微不足道，也不帶電，所以它們遇上任何事物都不受阻礙，逕自穿透。的確，若有一道微中子束向一堵三千光年厚的鉛牆射去，則半數會毫無阻礙逕自穿透。微中子有些出自大霹靂殘留，有些是太陽放射的，另有些則是從爆炸恆星湧現。事實上，你的身體每秒鐘都約有百兆顆微中子穿透。原子大半是空無空間——別忘了，原子核只是足球場裡的一粒沙。所以微中子有充裕的空間供它們呼嘯穿越任何事物，也因為它們不帶電，因此不會受到電子或質子影響產生偏轉或散射開來。從最早發現微中子約十年過後，美國南達科他州一處金礦裡面裝置了一台特製微中子偵檢器。那台偵檢器為一個龐大槽體，裡面裝了富含氯的乾洗清潔液。當一顆微中子與一顆氯原子對撞時，就會生成放射性氬。每隔數月，槽中搜尋作業就能發現約 15 顆氬原子，顯示在那段期間，曾有 15 顆微中子和氯原子對撞。那台偵檢器持續使用了超過三十年。

素丹地下礦業州立公園（Soudan Underground Mine State Park）用來探測微中子的主注入器微中子振盪搜尋（Main Injector Neutrino Oscillation Search, MINOS）偵檢器。

如今地底深處的微中子偵檢器數量又多了許多，有些安在舊礦坑內，另有些在海中，甚至設置於南極冰層底下。微中子要射抵偵檢器毫無困難，至於宇宙射線（會受到中介物質阻擋的較大粒子）會受到屏蔽設施阻隔，這樣科學家就不會把兩邊搞混。日本的超級神岡微中子偵檢器（Super-K neutrino

detector）使用一個圓頂槽，裡面盛裝 5 萬公噸的水，安裝了 1 萬 3 千個光感測器。每當一顆微中子和一顆水中原子對撞，產生一顆電子，感測器就能偵測出一道藍色閃光。只要追蹤電子在水中穿行的精確徑跡，物理學家就能算出微中子來自哪個方向，從而推出其根源所在地。結果發現，微中子多半出自太陽。到了 2001 年，科學家發現，微中子區分為三「味」。除了他們找到的之外，還有其他類型，不過他們只發現了和物質交互作用時會生成電子的類型。發現微中子有不同風味，還有更深入的意涵——這代表微中子具有質量。一台用來測量微中子質量的偵檢器，到了 2017 年就會在德國啟動運作。

迂迴曲折的路徑

往後要用來算出微中子質量的卡爾斯魯厄氚微中子實驗（The Karlsruhe Tritium Neutrino Experiment, KATRIN）的建造位置和它的預計運作地點，德國卡爾斯魯厄市（Karlsruhe）相隔約 400 公里。然而設備過於龐大，輸運時沒辦法走狹窄道路，只能靠船運，沿著多瑙河進入黑海，跨越地中海，繞過西班牙，穿過英吉利海峽，取道萊茵河，運往德國萊奧波爾茨哈芬（Leopoldshafen），從那裡改採陸路繼續行進。這趟旅程費時兩個月，跨越約 9 千公里。

費曼的電子自旋與轉動研究，是在看了轉碟子表演並思忖其「晃動」樣式之後所激發的靈感。

「我吃午餐時，餐廳裡有個小孩把碟子拋上空中。碟子上有個藍色的標章，是康乃爾校徽，他把碟子拋起來，然後碟子落下時，那個藍色東西也就跟著打轉，在我看來，那個藍色東西轉得比晃動速度更快，於是我開始思忖，兩件事情有什麼關係。我只是想著玩，完全不重要，我把玩著轉動物體的運動方程式，結果我發現，倘若晃動很小，藍色東西的繞行速度就兩倍於晃動的速度。」

「我開始把玩這種轉動，這轉動讓我聯想起電子依循狄拉克方程式的自旋轉動問題，接著它就這樣帶我回到量子電動力學，也就是我當時正在研究的問題。這時我繼續在玩，就像我當初那種一派輕鬆的做法，然後事情就像把軟木塞由瓶子拔出來——所有東西就這樣湧出來了，在非常短暫的期間，我就做出後來讓我得到諾貝爾獎的成果。」

最後的失蹤粒子

反物質和微中子在發現之前都經過理論推知。如今狩獵行動業已開展，著手搜尋另一種理論性粒子，希格斯玻色子（Higgs boson）。這種粒子有時也稱為「上帝粒子」，它是所謂的物理世界「標

理查・費曼
（Richard Feynmann, 1918–88）

費曼生於紐約，早年就由父親帶領他認識科學，他的父親以製造制服為業，不過對科學和邏輯都很感興趣。費曼在麻省理工學院和普林斯頓大學就讀，隨後在第二次世界大戰期間加入曼哈頓計畫，開發原子彈。隨後他進入加州理工學院（California Institute of Technology）。費曼是個魅力十足，廣受歡迎的演講者，擁有種種不同的稀奇嗜好和興趣，包括在脫衣舞酒吧演奏邦哥鼓。他發展出粒子物理學的數學理論，論證電子（或正子）間交互作用可以從電子交換虛擬光子角度來考量，並說明這些交互作用是以「費曼圖」（Feynmann diagram）形式進行。他有一輛以費曼圖裝飾的著名廂型車，如今那輛車子仍然停在加州一處車庫。他還率先思考量子電腦運算，並構思出奈米技術的概念。波耳曾選定費曼一對一討論物理，因為其他所有人都十分敬畏波耳，不願和他唱反調，或指出他所提論點的瑕疵。

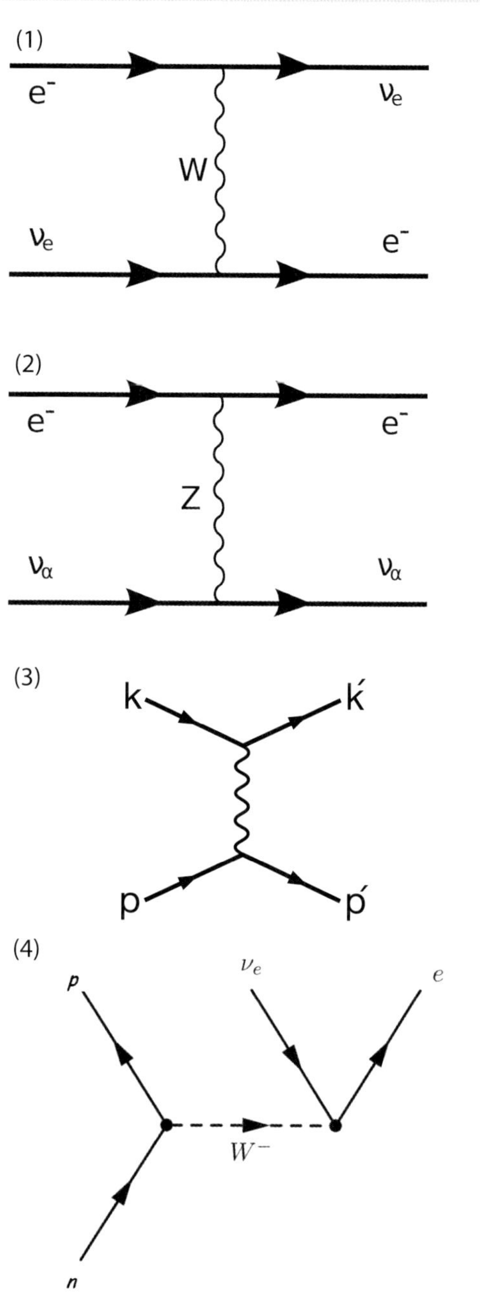

以費曼圖來描繪：
(1) 微中子和帶電流物質的交互作用。
(2) 微中子和帶中性流物質的交互作用。
(3) 一種散射過程。
(4) 中子衰變。

歐洲核子研究組織大型強子對撞機的隧道。

準模型」（Standard Model）的最後一種尚待發現的粒子。不是所有物理模型都得有希格斯玻色子，有些模型則需要不止一類希格斯玻色子。找出粒子是否存在，能協助科學家判定，眼前所提出的模型當中，哪一種最可能是正確的。希格斯玻色子據信是希格斯場的一種要素。穿越希格斯場能賦予粒子質量。若希格斯玻色子果真存在，則它就是物質不可或缺的部分，而且會出現在任何地方。這種粒子的第一項完整描述由彼得．希格斯（Peter Higgs）在 1966 年提出。

希格斯玻色子的搜尋作業必須用上大型對撞機，好比瑞士歐洲核子研究組織（CERN）的大型強子對撞機（LHC）和美國費米實驗室的兆電子伏特加速器（Tevatron）。強子對撞機能以好幾種不同做法，讓質子高速相互轟擊並生成希格斯玻色子。

重新命名不存在的事物

許多科學家不喜歡以「上帝粒子」（God particle）這個俗名來指稱希格斯玻色子。2009 年舉辦的一場命名比賽，徵得許多新名建議，其中最孚人望的是「香檳酒瓶玻色子」（champagne bottle boson），其他參賽作品包括「乳齒象子」、「神祕子」和「不存在子」。

恆星射來的粒子

大型強子對撞機試行模擬宇宙接近誕生時刻的狀況，那時粒子都在強大壓力下緊緊聚攏在一起。我們對宇宙接近誕生時刻的現象能有絲毫認識，完全歸功於數千年來實際觀察恆星和太空，構思理論所得成果，而且這項活動的根源，無疑比有記載歷史還要更早，上溯至我們的最早遠祖，好奇凝望天空，編織出種種故事來解釋眼中所見。

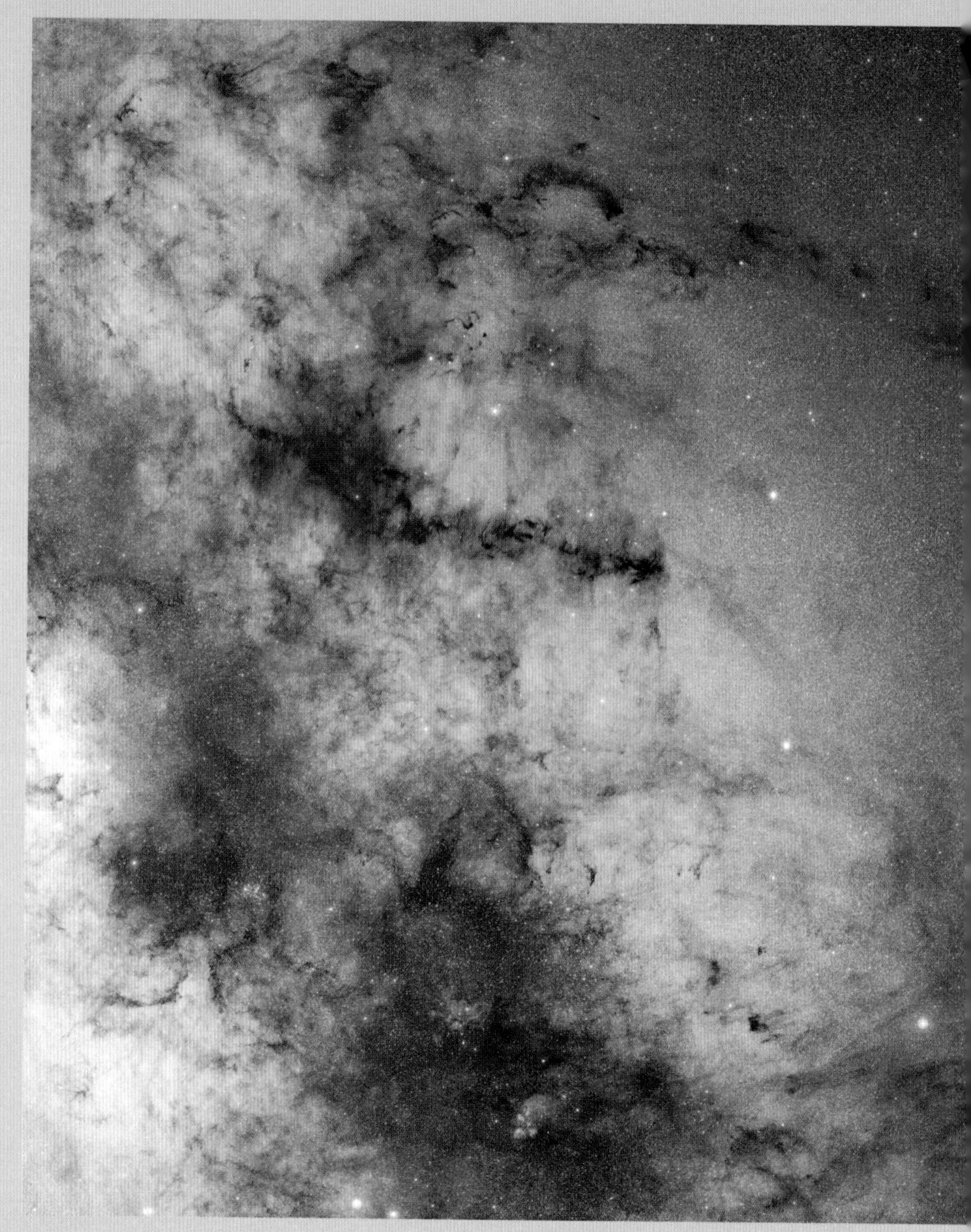

第六章

伸手摘星

人類最早從什麼時候開始仰望天空，尋思探究星辰，我們不得而知。有些人起心動念，根據肉眼可見的四千顆左右恆星，從它們的排列樣式看出種種圖像，也就是星座，接著肯定又踏出了一小步，按照圖像編織出一個個相匹配的故事。這些故事有的成為宗教信仰的基礎，也試圖解釋費解的事項——世界的起源、季節更迭的原因，還有恆星和行星為什麼運行跨越天空。看來還另有些人動念尋覓比較理性的解釋。他們觀察、測量，最後還進行預測。隨後當荏苒光陰向他們的模型拋出了種種問題，他們無疑也曾投入測試、焠煉他們的預測。這批早期天文學家就是最早的科學家。他們和所處文化的宗教傳統並不牴觸，雙方攜手合作，預測天體運動，制定出同具宗教和實務用途的曆法。

銀河——我們在宇宙間的家園，
不過它只是數百億星系當中的一個。

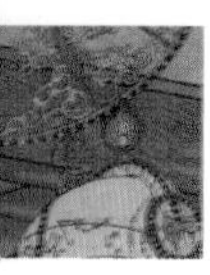

星辰和石塊

從人類某些最古老的建物也許就能看出證據，顯示古人曾仔細觀察月球、恆星和行星如何運行跨越天空。法國卡爾奈克有三千塊可以遠溯至西元前 4500 至前 3300 年的石頭，那些立石或許帶有天文學上的意義。英格蘭南部的巨石陣是個環狀立石陣列，於西元前 3000 至前 2200 年豎立，或許具有天體觀測台的用途：仲夏日出位置和巨石陣中軸約略對齊。由於地球有歲差現象（指我們這顆星球自旋時繞軸晃動的方式），巨石陣列置方位在四千年前並不像今天那麼準確，不過或許仍能提供妥適的天文資料，供農耕和祭拜用途。另有些研究人員則發現了巨石陣和其他不同天體（包括月球和行星）的運動也都有關連，而且排列得遠遠更為準確，由此推斷，巨石陣代表歷經數十年甚至數百年的天文觀測所得成果。

法國卡爾奈克（Carnac）有三千個史前立石。

埃及吉薩大金字塔群的列置方向就比較準確了。這群金字塔完成於西元前 2680 年左右，三座都是四面分朝天文學方位的南、北和東、西向，偏離不到一度的一小部分。吉薩金字塔群的位置或許反映了獵戶星座腰帶三顆恆星的方位，而其他金字塔，則有可能和獵戶座的其他恆星遙相對應，至於尼羅河則相對於銀河。古埃及有關天文學的確切描述，最早見於塞能 （Senenmut）的陵墓天花板，他是哈特謝普蘇特女法老統治期間（Queen Hatchepsut, 約西元前 1473– 前 1458）的首席建築師和天文學家。南美洲馬雅民族營造的一些建物，和昴宿星團與天龍座少宰星（天龍座 η）校準對齊。

英格蘭索爾茲伯里（Salisbury）巨石陣有可能在史前時期發揮天文學用途。

早期觀星家

埃及吉薩的大金字塔群，看來是與恆星和羅盤定點校準對齊。

那個時代並沒有留下紀錄來佐證巨石陣和金字塔群曾發揮天文學用途或具有這方面的關連性，不過曾留下紀錄的最早期天文學家，也約略出身於那個時期。中國天文學家約從西元前 2300 年起，就開始使用專門建造的天文台來觀測天象。最早的彗星相關記載出現在西元前 2296 年，最早的流星雨紀錄出現在西元前 2133 年，最早的日食紀錄則出現於西元前 2136 年。中國天文學家為占星術服務，占星師必須能預測掩食和其他天象，才能擇定良辰吉日來安排王室和征戰活動，也才能預測帝王的未來功業和健康。預測不靈有可能喪命——西元前 2300 年，已知至少就有兩名天文學家因為預測日食失準，慘遭砍頭處死。河南西水坡一座約六千年前古墓裡面有一批蚌殼和骨頭，排列形如三座星座，分別為青龍、白虎和北斗。一批 3200 年前殘存至今的甲骨刻有二十八宿相關星辰的名字。中國人認為，天體排列成線便顯示或預言地球要出現大事。從西元前十六世紀至西元十九世紀末，幾乎每個朝代都指派官員負責觀察、登載天文事件和變化，為今天的天文歷史學家留下了珍貴無比的紀錄。美索不達米亞肥沃月彎（今伊拉克）是好幾個早期文明的發祥地，起初是約西元前 2600 年開始出現的蘇美人。好幾萬塊蘇美人黏土刻寫板出土，定年可以追溯至西元前 2400 年，其中有些是附帶天文資料的農民曆，說明何時播種，何時收成。

巴比倫人約在西元前 1600 年佔住了那片地帶，他們的天文學家有國家支持從事編寫曆書和占星預言等活動。他們編纂出星表，開始長期記錄行星運動和日食、月食現象，以此協助預測估算掩食。他們似乎發現了為期 223 個月的月食週期。到西元前 800 年，他們已經確立了金星、木星和火星與恆星的相對位置，並記錄下各行星的表觀逆行運動。

巴比倫人發展出一套把一年劃分十二個月加上不固定閏月（偶爾增添個第十三個月，好讓一年時間保持一致）的曆法。巴比倫部分地區還有一週七日的做法。巴比倫人還把圓分割為 360 度，而且據此把一天分割成十二個「卡斯普」（kaspu），太陽在一卡斯普期間跨越天

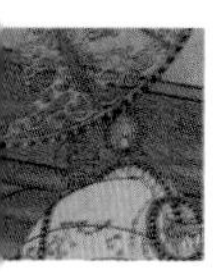

空 30 度。他們使用一度圓弧為角空間的計量單位。

角度測量系統問世之後，巴比倫天文學家就有辦法測量行星逆行運動。他們幾世紀的觀測成果都記載在黏土刻寫板上，隨後天文學家只需參照紀錄，就能預測行星位置和逆行運動，就算不明白星體運動方式和箇中原因也無妨。他們做預測完全是為了實務和宗教用途，因此從來不曾嘗試做科學解釋或提出模型。

雕了中國星座青龍、白虎的瓦當。

從觀測到思索

中國、蘇美和巴比倫天文學家都積極投入記錄星體和天象，古希臘人則採行比較理論性和科學性的途徑，試圖解釋天體行為並設計模型。

約西元前 500 年，畢達哥拉斯推斷世界並不是平的，而是個球體，到了西元前五世紀，阿那克薩哥拉主張，太陽是顆非常熾熱的岩石，月球則是地球的碎塊。西元前 270 年，阿里斯塔克斯（Aristarchus）說明地球繞日轉動。在此之前，民眾始終認為，地球是月球、太陽、行星和恆星環繞運行的中心。阿里斯塔克斯率先計算出太陽和月球的尺寸，以及它們和地球的相隔距離，並歸結認為，由於太陽遠大於地球，因此太陽比較不可能是環繞地球運行的從屬星體。

阿里斯塔克斯根據發生月食費時多久，算出從地球到月球的相隔距離，約六十倍於地球半徑，這與

敦煌星圖，西元 700 年繪製。

現代數字相符。他還判定，從地球到太陽的距離，十九倍於到月球的距離，而且太陽直徑約十倍於地球的直徑，不過這些數字他算得倒沒有那麼精確。只可惜阿里斯塔克斯的結論並不為他那個時代的人所採信。一項論點指稱，若地球環繞太陽運行，那麼有時地球就會遠遠偏離恆星，於是恆星的尺寸看起來就應該會改變。當然了，地球和恆星的距離相隔實在很遠，相形之下，地球的移行距離就很渺小，對恆星的表觀尺寸不會形成差別，不過除此之外那個觀點其實相當合理。然而在那個時代，那種遙遠的距離實在是不可思議，於是阿里斯塔克斯的模型便遭人排斥。時隔1800年後，那種觀點才重新受人賞識。

「何者看來比較有可能？地球的赤道，在一秒內（也就是在一個人快步走時只能前進一步的那段時間內）能移動四分之一英里（六十英里相當於地球大圓的一度）；還是說，在這相同時段，第十層天（primum mobile）的赤道，應當以無可言喻的高速……比閃電的翅膀更快，迅速橫越五千里，如果依據攻擊地球運動論者所維護的真相的話。」

愛德華．賴特（Edward Wright），寫於威廉．吉爾伯特1600年《論磁石》之引言，解釋為什麼每天二十四小時比較可能肇因於地球繞本身軸心，而非太陽繞地運行一周所致。

喜帕恰斯和他發明的渾儀。

喜帕恰斯
——古代最偉大的天文學家？

希臘天文學家喜帕恰斯約西元前190年生於尼西亞（Nicaea），不過他一生大半都在羅德島（Rhodes）度過。他號稱古代最偉大的天文學家，然而他的作品幾乎完全沒有流傳下來。我們對他的認識，大半是透過托勒密的《至大論》（*Almagest*，又稱《天文學大成》）得

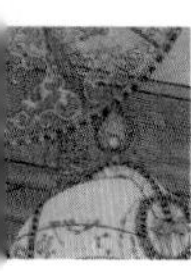

知。他取法巴比倫天文學家的作品，在巴比倫和希臘之該領域學術界間搭起一座橋梁，顯然也沿用了他們的一些做法以及他們所蒐集的資料。

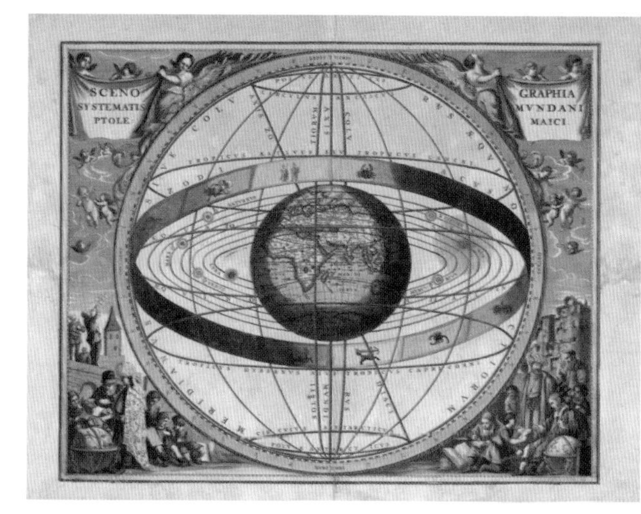

插圖所示為托勒密宇宙，且地球位於中心。

喜帕恰斯是個了不起的天象觀察家，經常被譽為第一部詳細星表的製作者。中國在西元前四世紀期間寫成的《甘石星經》（*The Gan and Shi Book of the Stars*）記錄了 121 顆星的位置。不過喜帕恰斯還註記了 850 顆肉眼可見恆星的位置，並依亮度把它們區分六群。這套系統迄今依然沿用。他擬出了一份過去八百年來出現過的完整掩食列表，並指出西元前 134 年，在天蠍座出現了一顆新星。他還被譽為三角學的發明人，以及尋星盤（planispheric astrolabe）的可能發明人。托勒密曾說，喜帕恰斯解釋了太陽和月球的圓周運動，然而他並沒有提出模型來解釋行星軌跡，不過他倒是把行星相關資料整理起來，證實它們和當代種種理論都不相符。他最著名的成就是他有關於至點和分點的討論，釐清它們相對於恆星從東緩慢向西移動的道理——即所謂的分點歲差。

托勒密和渾儀。

喜帕恰斯率先準確測知一年的長度，制定為 365 天 5 小時和 55 分。他還注意到，四季長度各不相同，並計算出一個月的長度，而且準確得只偏差一秒鐘。

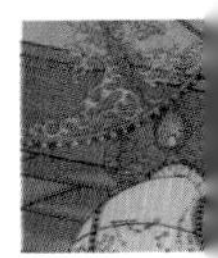

托勒密的天球

一種比較不那麼可行的模型

印度神話認為，世界是由四頭大象馱起撐在空中，而那四頭大象則是站在一隻烏龜的背殼上面。已知目前並沒有天文學觀測支持這個模型。泰瑞·普萊契（Terry Pratchett）在他的碟形世界小說中，借用了印度這項傳說。至於烏龜站在什麼東西上面這道明顯問題，答案則是「底下一路都是烏龜」，這則回應出自何方，說法紛紜。

我們今天的宇宙觀，照講是傳承自古代世界的阿里斯塔克斯日心模型，然而它的地位，卻被托勒密在西元 140 年左右描述的一項學說所取代。那項學說不是他創始的——他呈現的是當代的共識，寫進他的《數學彙編》（*Mathematical Compilation*）（由於阿拉伯文書名訛誤，如今稱為《至大論》）。依托勒密所述，地球位於一群同心球面中央。這些球面上有月球、太陽、行星和恆星，環繞地球轉動。希臘人認為，圓是完美的形狀，既然天空是完美的國度，軌道肯定都是圓形的。然而這卻無法解釋觀測所見行星運動。

要使模型生效，就必須讓行星的圓形軌道從地球移開。金星和水星顯然是環繞太陽運行，所以托勒密的模型把它們擺在一條繞行太陽的圓形軌跡上，而這條軌跡本身也依循圓形軌跡繞行地球。同時火星、木星和土星——肉眼可見的其他行星——也經賦予其他星體供其繞軌運行，不過那卻不是太陽。托勒密指認出一些構成了這些行星運行軌道焦點的空無定點，而這些空無定點還依循圓形軌跡環繞地球運行。這類遷移圓周軌道構成的圖樣，幾乎就足以說明行星軌跡為什麼會稍微飄移，有時還似乎（依循逆行軌跡）反向運行。恆星比較容易解釋——它們只是零星分布在一層環繞地球的遙遠天球上頭，並為其他一切事物提供一面背景幕。

行星運動觀測愈益精確之後，情況也變得明朗，托勒密模型並不能充分說明它們的軌跡。於是增添了愈來愈多微細修正，來調校模型，好讓它能與觀測結果相符，然而到了最後——過了一千多年之後——它終究還是得被人棄置。

婆羅摩笈多
（Brahmagupta, 598–668）

印度數學家婆羅摩笈多生於印度西北部拉賈斯坦邦（Rajasthan）賓馬爾市（Bhinmal）。他曾擔任烏賈因（Ujjain）天文台台長，寫了四本數學和天文學著述，其中一本有最早有關於零的記述。婆羅摩笈多稱地球繞軸旋轉，論證月球和地球的距離，並不如太陽距離地球那麼遙遠，還論稱地球不是平的而是圓的。就此批評家指出，倘若地球是個球體，那麼一切事物都會掉落下來，為駁斥此說，他描述了一種類似重力的現象（見底下引文）。他提出了一些用來計算天體位置，預測掩食的做法。阿拉伯天文學家從婆羅摩笈多的著作認識了印度天文學。西元 770 年，坎達（Kankah）接受曼蘇爾（al-Mansur）哈里發邀約，從烏賈因前來阿拉伯，他使用婆羅摩笈多的《婆羅門曆數書》（*Brahmasphutasiddhanta*）來解釋天文學。

「所有重物都受吸引朝向地球中心……地球各邊全都相同；地球上的所有人都挺直站立，所有重物都遵循一項自然定律向下朝地球墜落，這是由於地球本性就會吸引並持有事物，就如同水本性會流動，火本性會燃燒，而風本性則會推動……地球是唯一低下之物，種子總是向它回歸，而且不管你朝哪個方向朝外拋擲，它們永遠不會離地上升。」

婆羅摩笈多

《婆羅門曆數書》，628 年

踏入和走出黑暗

希臘世界走下坡後，天文學也進入一段黯淡歲月。羅馬沒有偉大的天文學家，天文學幾無絲毫進步，直到阿拉伯科學崛起，馬蒙（al-Ma' mun）在 813 年創立巴格達天文學派之後，情況方才改觀。

儘管歐洲和北美洲沒發生什麼大事，印度天文學家則投入觀測並做記錄，這些結果後來便成為阿拉伯天文學的資料來源。印度最早的恆星文本是《吠陀支樹提論》（*Vedanga Jyotisa*），年代約可追溯至西元前 1200 年，不過那是本占星術著述，並不是天文學書，而且其用途基本上都屬於宗教方面。西元 476-550 年寫成的《阿里亞哈塔曆書》（*Aryabhatiya*）是在印度流傳的第一部真正的天文學著述。它對後來阿拉伯作家產生影響力，也是把一天起點訂於午夜的最早著述。該書表明，世界繞著本身軸心旋轉，也因此恆星看來才會像是橫越天空，還有月球是反射陽光才顯得明亮。

阿拉伯天文學

阿拉伯天文學家率先一貫應用數學來描述恆星和行星運動。伊斯蘭天文學家身受好幾種需求的驅使來

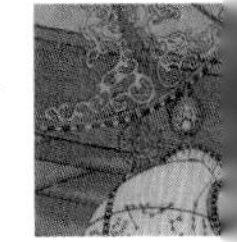

投入研究，包括得有可靠的曆書，必須精確訂定晨禮、晌禮、晡禮、昏禮和宵禮之禮拜時間，以及得設法從任意地點確定麥加聖城的方向。他們遵照可蘭經以星導航的訓示，仰望天空來幫他們達成這些使命：「他為你們創造諸星，以便你們在陸地和海洋的重重黑暗裡借諸星而遵循正道。」可蘭經也鼓勵民眾對實證資料抱持信心，而希臘思想家則是比較強調推理。可蘭經訓諭觀察、推理和深思，帶動促成了一種約略符合科學原理的做法。

穆斯林必須在正確時間禮拜，這項要求促成阿拉伯的曆法發展，天文學也有相同現象。

阿拉伯的北半球天體圖，1275 年。

伊斯蘭一般都反對把占星術用於預言目的。穆罕默德一個兒子死時發生掩食，不過他勸阻旁觀者推論出真主事跡，表示：「掩食是種自然現象，和一個人的生死無關。」這就把阿拉伯天文學和印度與中國傳統區隔開來，因為印度和中國駕馭天文學的目的，都是為占星術和預測未來服務。約從西元 700–825 年，阿拉伯天文學家多半全力專事吸收、翻譯希臘、印度和前伊斯蘭時期波斯（薩珊王朝）的天文學作品。他們自己的新嘗試，約在哈里發馬蒙創辦巴格達智慧宮（House of Wisdom）的時期開展。紙張在第八世紀從中國傳到伊拉克，遠比傳入歐洲的時間更早，這大大促成知識的收集和散播，從西元 825 年到 1258 年蒙古人席捲巴格達為止，智慧宮始終是全世界的知識中心。

穆斯林天文學的第一部重要作品是《信德及印度天文表》（*Zij al-Sindh*），西元 830 年由穆罕默德・伊本・穆薩・花拉子米（Muhammed ibn Musa al-Khwarizimi, c.780–c.850）寫成。書中納入太陽、月球和五大已知行星的運動圖表。花拉子米留給世人的印象，最主要的是他是個數學家（他的姓氏的拉丁化拼法為 Algoritmi，後

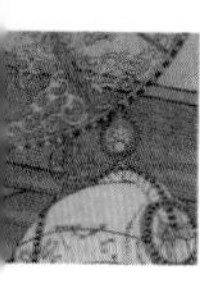

來演變成我們今天使用的單詞 algorithm〔演算法〕)。阿拉伯在數學上的進步，肯定也曾輔助天文學研究。他還改良日晷，並發明用來測量角度的象限儀。約西元 825–835 年間，哈巴什・哈西卜・馬爾瓦茲(Habash al-Hasib al-Marwazi)著成《天體和距離之書》(*The Book of Bodies and Distances*)，書中他定出了某些天文距離的改進估算結果。他定出月球直徑為 3,037 公里(事實上是 3,470 公里)，和地球的距離為 346,344 公里(事實上是 384,402 公里)。西元 964 年，波斯天文學家阿卜杜・拉赫曼・蘇菲(Abd al-Rahman al-Sufi, 903–86)記錄恆星觀測結果並繪製圖示，訂出它們的位置、星等、亮度和色彩。他的書有最早的仙女座星系描述和圖像。1006 年，希臘天文學家阿里・伊本・里德萬(Ali ibn Ridwan, 988–1061)描述了有文字歷史以來最燦爛的超新星，說明它的大小兩、三倍於金星，明亮達月球四分之一。這顆超新星也經中國、伊拉克、日本和瑞士的天文學家描述，還有北美洲原住民也說不定有所著墨。

蟹狀星雲在 1054 年一起超新星事件中生成，當時的天文學家也曾目睹。

由於阿拉伯天文學家深信地球位於天體系統的中心，而且不可能有無窮，因此天文學的進步嚴重受限。不過到了第九世紀，賈法爾・穆罕默德・伊本・慕薩・伊本・沙基爾(Ja'far Muhammad ibn Musa ibn Shakir)推斷天體都和地球同樣遵從相同的物理定律(因此和古代人的信念相違)，接著在十一世紀時，海什木率先把實驗法運用在天文學上。他使用特製儀器來測試月球如何反射陽光，還更動他的裝置設定並記錄其作用。他指稱，星空的介質密度低於空氣，並駁斥亞里斯多德有關銀河是大氣上層一種現象的看法。他測定其視差，推斷銀河距離地球非常遙遠。後來在同一個世紀，比魯尼發現，銀河是以恆星組成。他還描述了重力是「吸引所有事物朝向地球中心的作用」，並說，重力存在於天體和天球裡面(依然採行托勒密的宇

早期天文學工具

已知最古老天文學工具是一種巴比倫黏土刻寫板，板上刻了三個同心圓，各分成十二段落，總計三十六區，每區都有星座名稱和簡單數字，有可能代表巴比倫曆的月份。

星盤以地球位於宇宙中心的假設為本，呈現出行星和恆星的位置。儘管現存最早的星盤是阿拉伯製品，年代出自西元 927–28 年，然這種儀器大概是在第一世紀之前某段時期就已發展問世。伊斯蘭傳說解釋了星盤的起源：托勒密邊騎驢邊看他的環形球儀，儀器失手掉落，被驢子踩扁，於是托勒密靈機一動，激發星盤構想。

渾儀是相當於星盤的三維裝置，以系列同心環來代表行星和恆星，並將地球擺在中央。象限儀是用來測量物體超出地平線多高的儀器。最早有文字紀錄的象限儀，見於托勒密約西元 150 年的著述。伊斯蘭天文學家製造出一些大型象限儀，不過最著名的是第谷·布拉赫（Tycho Brahe, 1546–1601）在他設於丹麥汶島（Hven）烏蘭尼堡（Uraniborg）的天文台中使用的那台。

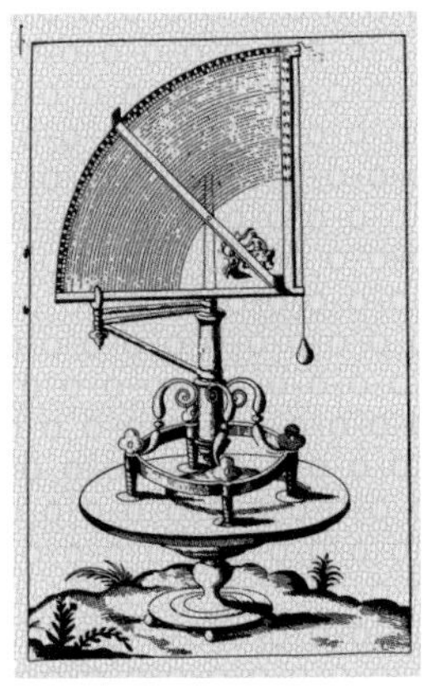

古代天文學工具（由上順時鐘方向）：星盤、渾儀、象限儀。

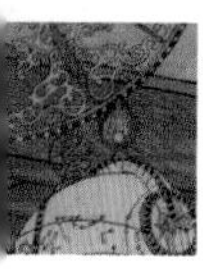

宙模型）。海什木提稱地球繞本身軸心轉動，這項觀點先前也曾由印度的婆羅摩笈多提出。比魯尼曾在 1030 年評述婆羅摩笈多的著作，並稱就地球轉動方面，他找不出任何數學問題。

如同伊斯蘭科學的其他層面，天文學嚴謹研究若被當成試著探知真主的心思，就會受到伊斯蘭教的阻滯。從第八到第十二世紀，阿拉伯學者的最重大貢獻或許就是對天文學儀器的改良，以及在數學上的發展。這些成果為歐洲文藝復興時期的天文學家開闢了一條坦途，引領他們改寫了天界之書。

燦爛客星

從 1054 年 7 月間開始，接連 23 天期間，一顆燦爛亮星出現天際，連白晝都能見到它在天上閃現光輝。中國天文學

眼尖的馬雅人

《德勒斯登法典》（*Dresden Codex*）是一部馬雅文書，第十一或十二世紀著於南美洲。法典出奇精確地記載了或許在更早三、四百年前，對月球和金星的觀測成果。金星是馬雅人心目中僅次於太陽的最重要天體。馬雅人似乎還知道獵戶座心臟部位有一片朦朧星雲：它出現在傳統故事中，也以繪在壁爐上的一抹污斑來表示。馬雅是已知唯一沒有使用望遠鏡就發現了獵戶座這項特徵的文明。

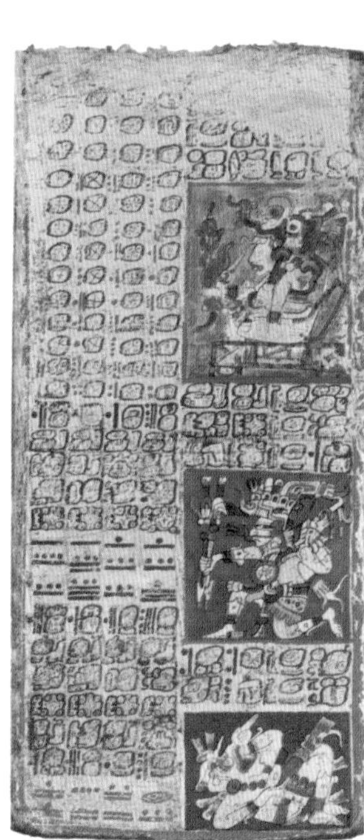

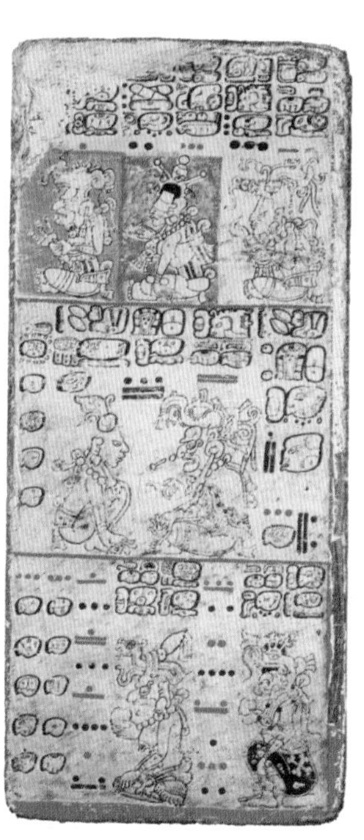

家稱它為「客星」，位於金牛座，並記錄其黃色光芒明亮四倍於金星。它肉眼可見達 653 天。

日本詩人藤原定家曾寫過那顆星，而且它還記錄在美洲原住民族阿那薩吉（Anasazi）和敏伯爾斯（Mimbres）藝術家的陶器作品裡面。那顆客星是生成蟹狀星雲的超新星。新星從夜空中消失之後，將近七百年間，再也沒有人見過它，最後英國醫師暨天文學家約翰・貝維斯（John Bevis, 1695–1771）才在 1731 年使用望遠鏡發現了那座星雲。

地球會動——舊論再現

從阿里斯塔克斯最早提稱地球繞行太陽之後過了將近兩千年，地動說再次浮現。在基督教世界提這項主張會帶來危險，因為教會訓示子民，上天是完美的，永恆不變的，人類位於上帝計畫的核心，是創世的巔峰之作。那麼地球怎麼可能位居陪襯地位，繞著太陽運轉？這個觀點是異端

哥白尼。

「上帝創世之時，隨祂所喜分別移動天體，而且移動時祂還為天體灌注衝量來推動它們，往後祂就永遠毋須再推動它們……同時由祂灌注進入天體的衝量，往後也不會減弱或衰敗，因為天體沒有從事其他運動的傾向。而且也不會出現會破壞或抵制那種衝量的抗力。」

讓・布里丹
法國十四世紀哲學家

邪說，當下就會惹來麻煩。托勒密模型有一些問題，其中最嚴重的是，月球軌道的焦點必須大幅偏離地球，而且依照這種偏移量，月球和地球的距離在某些時候就應該相當接近，遠超過其他時期——事實上，這應該就足夠讓月球看來明顯更大。這個問題在 1496 年由德國數學家暨天文學家約翰內斯・繆勒（Johannes Muller, 1436–76）披露，繆勒以他的拉丁化名字雷格蒙塔努斯（Regiomontanus）為人所知，他的這項發現以及其他觀察結果，令人對托勒密的模型心生疑慮。斗膽挑戰托勒密模型的人是尼古拉・哥白尼（Copernicus，本名拼法 Mikolaj Kopernik），他是波蘭天文學家，並沒有先費心觀察天象，而是預先判定，地球繞日運行之解，比起太陽繞地運行之說更為簡潔。哥白尼尤其不喜歡一種名叫「偏心勻速輪」

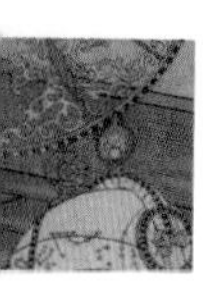

（equant）的小圈或迷你軌道，這是托勒密模型的一項要件，行星必須有偏心勻速輪，模型才能解釋他們觀測的運動，哥白尼希望提出一套體系，來描繪具有單一固定中心的宇宙。

儘管哥白尼約在1510年就完成他的日心宇宙思想，卻一直小心翼翼，只與少數人交流，直到1543年才發表他的前瞻性著述《天體運行論》（*De Revolutionibus Orbium Coelestium*）。畫家芮提克斯（Rheticus）製作哥白尼的書籍到半途就必須離開紐倫堡，把工作轉交給安德烈亞斯·奧西安德（Andreas Osiander），這位信義宗（Lutheran）教徒增添了一篇序言，並在裡面說明，哥白尼並沒有說太陽就真的是位於宇宙中心，他只是提出了一個數學模型，來幫忙解釋觀測結果。這篇序言的用意是為了緩和教會的任何批評，結果天主教會對這本書視若無睹，只有信義宗不以為然。哥白尼在書出版當年死亡，說不定根本沒親眼見到書本。他的書被人忽略，連印好的四百本都賣不完，然而自此那本書就被視為開展現代天文學，協助點燃科學革命的著述。

儘管優於托勒密的天球，哥白尼的模型仍有一些問題。依他所見，恆星都位於最遙遠行星之外的無形天球上頭。不過恆星看來並不移動，因此它們必然是在非常遙遠距離之外。今天我們很能接受這項概念，然而在十六世紀，這馬上會引來質疑，詢問上帝為什麼要浪費那麼多空無空間，位於最遙遠行星和恆星之間。另一個問題是，倘若地球會動，為什麼海洋沒有潑濺翻攪，建築物搖晃震碎？另一方面，哥白尼模型仍與托勒密模型有別，因為它毋須借助複雜的拼湊，就能解釋觀測得知的行星運動。

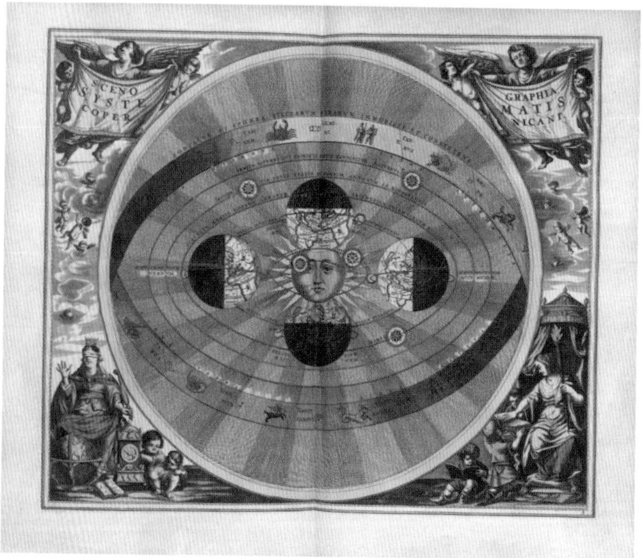

哥白尼的解釋把行星區分兩群，包括比地球接近太陽的水星和金星，接著是比較遠離的火星、木星和土星（其他行星在當時仍屬未知。）哥白尼還算出，

哥白尼的太陽系模型，行星環繞太陽運行。

宇宙愈漲愈大，地球愈縮愈小

我們都努力把自己擺到事物的中心。發現地球終究不是位於太陽系中心後，引發了極度不安。不過天文學家依然假定，太陽系在宇宙間佔有重要地位。許久之後，天文學家確認銀河是個星系，於是他們假定，太陽位於銀河中心，而銀河則位於宇宙中心——甚至還假定銀河就是宇宙。後續又發現了銀河只是個星系，裡面包含數十億恆星，而且太陽系並不位於銀河系中心，還有銀河在宇宙間也不具有核心地位，這對人類的自我感受帶來更大的打擊。我們無疑是無足輕重的生物，棲身尋常太陽系一顆無足輕重的行星，而太陽系則是隸屬一個普通的星系——沒有任何特殊性可言。

每顆行星各費多久繞行太陽一周，以及那些行星與太陽的相對距離。這些結果和它們以相對於地球軌道的分群相符，提供了支持他的模型的確鑿證據。

萬物都會改變

第谷是個多采多姿的人物，出身貴族但嬰兒時期就遭綁架，後來他在一次決鬥時失去部分鼻子，往後就一直佩戴一只金銀製假鼻子。他自幼迷上天體，並領悟，任何預測都必須以一致、準確的觀測為本。1569 年，他打造了一台半徑約六公尺的巨大象限儀。輪緣刻度以分為單位，測量精確度非常高。這台儀器他一直使用到 1574 年，最後才被一場風暴摧毀。

1572 年，第谷觀測到仙后座一顆非常明亮，顯然為新星的天體。既然天國理

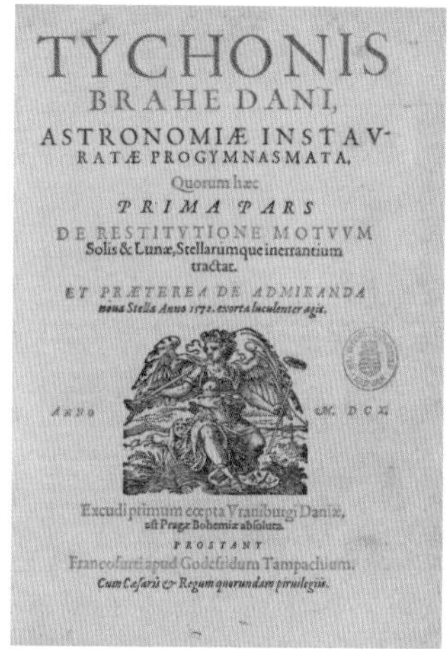

TYCHONIS
BRAHE DANI,
ASTRONOMIÆ INSTAVRATÆ PROGYMNASMATA,
Quorum hæc
PRIMA PARS
DE RESTITVTIONE MOTVVM
Solis & Lunæ, Stellarumque inerrantium tractat.
ET PRÆTEREA DE ADMIRANDA nova Stella Anno 1572. exorta luculenter agit.
ANNO M. DCX
Excudi primum cœpta Vraniburgi Daniæ, ast Pragæ Bohemiæ absoluta.
PROSTANT
Francofurti apud Godefridum Tampachium.
Cum Cæsaris & Regum quorundam privilegiis.

第谷·布拉赫的天文學專論，內容呈現他的太陽系模型。

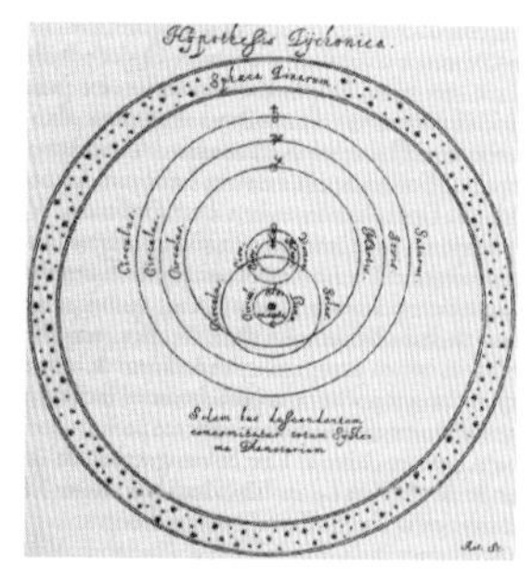

當永恆不變，這就令人感到有點錯愕，於是他著手記錄它的位置，持續了好幾個月，來確認它是否是顆彗星，因為彗星相對於恆星會移動。他投入觀測 18 個月，在這期間，它從比金星明亮逐漸黯淡，最後看來就像顆普通恆星，卻完全沒有改變位置。隨後他發表這項發現，寫成《論新星》（*De Nova Stella*）時，他也為天文學界帶來一個新詞——新星（nova）。第谷研究他的資料，尋找視差證據，倘若地球繞太陽運行，則料想就該有這種現象。視差指稱分從兩處有利位置觀看附近恆星，映襯較遠恆星背景所見之表觀變化。由於第谷找不到視差，於是他認定這項觀測結果否決了哥白尼的日心模型。

即便奉守科學途徑，第谷依然抱持一種信念，相信天國事件預示了地球上的重大變化，並認為天體現象促成了當時發生的宗教戰爭。

他也不認同地球會動之說。因為倘若地球會移動位置，他論稱，則從高塔投落的石塊，就應該墜落在塔底一段距離之外，因為地球會繼續移動，把石塊拋在後方。當然了，後來伽桑狄在 1640 年否決了這個說法（見第 74 頁）。

幾年過後，第谷在 1577 年完成另一項改變地球的觀測，這次的主題是彗星。他的觀測披露，彗星不可能是種局域現象，它和地球不會相隔得非常接近，更不會來到比月球更貼近的地方。真正來講，它肯定是在行星之間行進。這就表示，托勒密有關行星和恆星棲身水晶天球的構想，必須予以棄置，因為彗星可以撞穿砸碎這些天球。這種構想獨具特有革命意義，幾乎可以和新星概念等量齊觀。

第谷在 1587–88 年間發表他的書，推出他自己的宇宙模型。它帶了一點混合風格，當中托勒密的靜態地球位於宇宙中心，卻又讓其他行星繞日運行，而太陽本身則環繞地球運行。

它排除了「均輪」和「本輪」之需求，而這些是為了讓托勒密模型生效所不可或缺的要件。不過最重要的則是，它排斥水晶天球的構想，並頭一次安排讓行星全無支撐地懸在太空中。

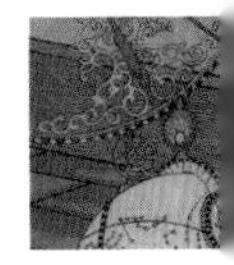

約翰內斯・克卜勒

克卜勒（Johannes Kepler, 1571–1630）比第谷年齡稍小，同樣是個高明的天文學家，不過他被迫採行不同的途徑。克卜勒童年時期，母親帶他到高處觀看 1577 年大彗星（激勵第谷從事彗星研究的那同一顆），他對天文學的熱情就在那時點燃。不過克卜勒曾患染天花，傷及視力，導致視覺能力薄弱，沒辦法親自進行天文觀測。於是他改運用數學來研究恆星。克卜勒受的是神職教育，不過他在德國圖賓根大學（University of Tübingen）修讀的課程，也包含他表現出色的數學和天文學科目。他的輔導老師邁克爾・馬斯特林（Michael Maestlin）檯面上教導托勒密模型，私下則傳授他喜愛的學生——包括克卜勒——哥白尼天文學。

克卜勒的財務並不寬裕，他賺取額外收入的手法之一就是以星象算命。第谷很認真看待塵世和天界事物的連帶關係，而克卜勒則認為占星術完全是垃圾，私下稱他的客戶為「肥頭」。不過這依然為他提供有用的收入，讓他的生活比較好過。

克卜勒發展出自己的宇宙模型，並在 1597 年發表成果，文中他把哥白尼的某些說法和一些相當晦澀難解的希臘物理學結合在一起，形成一種古怪的融合成果。克卜勒主張，六顆行星（含地球）佔用了由一組彼此套疊的，由歐幾里德幾何學所定義的五個幾何實體之間的球體所界定的軌道。儘管這點本身並不是特別重要，但他還提出了另一個更重要的推想：行星是由源出太陽的一種「活力」所驅動。這是第一次物理力被引為行星運動的根源，當然了，若我們把行星由天使推動的觀點也算在內，則又另當別論。

布拉格身兼兩職的天文學家

1597 年，第谷遷往布拉格，當上了帝國官方天文學家，為波希米亞國王、神聖羅馬帝國皇帝，魯道夫二世（Rudolph II）服務。1600 年克卜勒就在這裡第一次和第谷見面。當時第谷已經積聚了為數驚人的豐富資料，然而他並沒有數學技能來善加運用。克卜勒擁有數學能力，卻沒有資料來讓他利用。看來兩人是個絕配，不過他們的關係並不很融洽。拜訪第谷之後，克卜勒回到奧地利格拉茲（Graz）他的家族居處，而第谷則本來應該安排請

第谷・布拉赫。

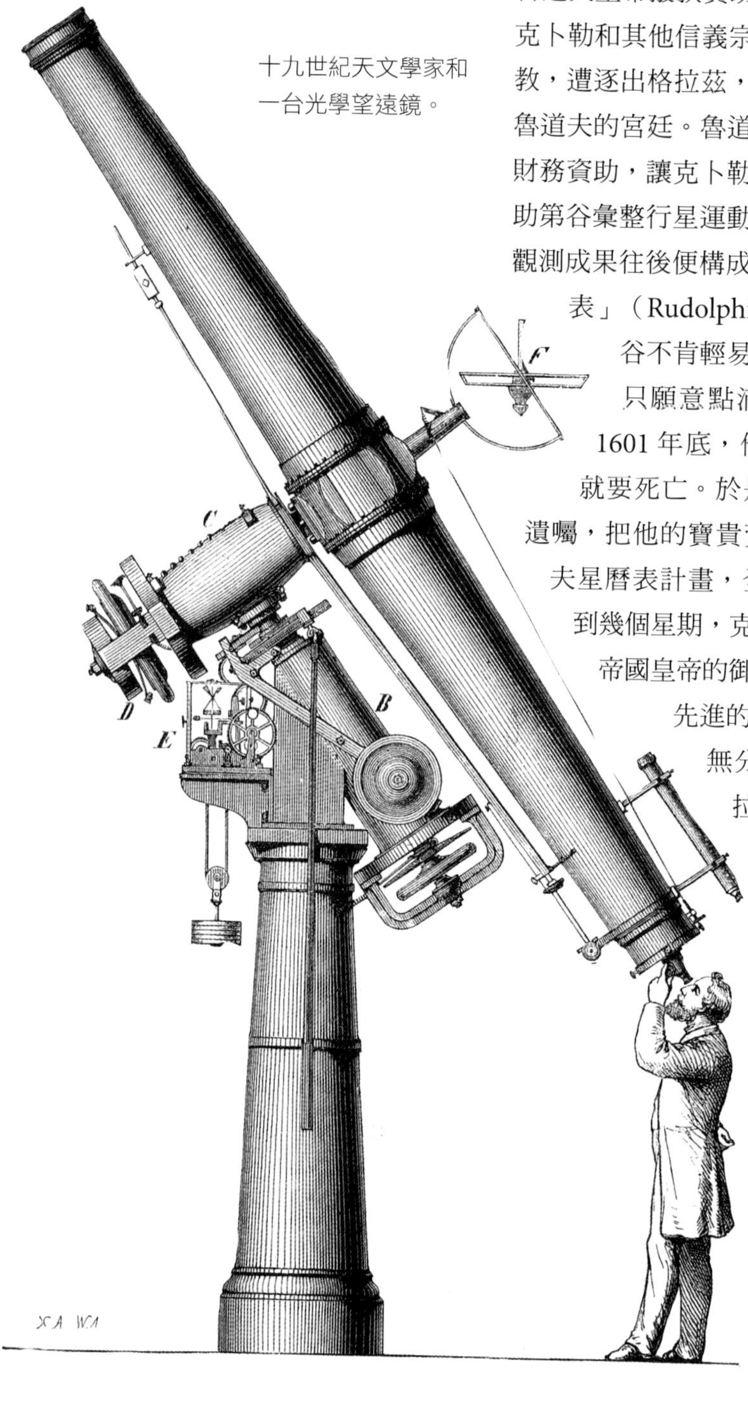

十九世紀天文學家和一台光學望遠鏡。

魯道夫皇帝撥款贊助克卜勒。協商完成前，克卜勒和其他信義宗教徒由於不肯改信天主教，遭逐出格拉茲，最後是以難民身分來到魯道夫的宮廷。魯道夫終於還是提供了必要財務資助，讓克卜勒上任，他的職掌包括協助第谷彙整行星運動的新近觀測結果。這些觀測成果往後便構成了所謂的「魯道夫星曆表」（Rudolphine Tables）的基礎。第谷不肯輕易分享手中的寶貴資料，只願意點滴提供給克卜勒，不過1601年底，他一病不起，顯然很快就要死亡。於是他在臨終病榻上立下遺囑，把他的寶貴資料、他的儀器和魯道夫星曆表計畫，全都遺贈給克卜勒。不到幾個星期，克卜勒就晉陞為神聖羅馬帝國皇帝的御用數學家，掌管歐洲最先進的天文學裝備——從他身無分文以難民身分來到布拉格，迄至這時只略超過一年。

帝國數學家這職位還得當魯道夫的占星師，因此克卜勒必須投入大量時間，從事他心知肚明毫無意義的純瞎掰活動。即便如此，克卜勒其餘時間都可以用來從事他的計算工作，最後這也促成了他的最重要發明：每顆行星分別

依循一條橢圓形軌跡繞日運行，而且太陽就位於橢圓形的一個焦點上，同時行星最接近太陽時，運行得也較快。克卜勒的這項發現，並沒有讓他一夜爆紅，事實上還幾乎沒有帶來絲毫衝擊。許多人依然不能接受地球並不是位於宇宙的中心。最後是直到牛頓採用克卜勒的研究成果，並以重力來解釋行星為什麼依循橢圓軌道運行，這時他的發現的重要意義，才真正凸顯出來。

消色差望遠鏡，十八世紀中期（左）；牛頓的反射式望遠鏡，1672 年（右，此為複製品）。

宗教動盪、個人劇變和悲劇，間接延緩了克卜勒的工作進展。他的妻子死了（後來他再婚），接著他的母親被控施行巫術受審，不過她在獄中待了好幾個月之後，便獲判無罪開釋。克卜勒第三定律（他的最後一項定律），在 1618 年進入他的腦海，描述行星繞日一周所需時間平方，如何與它和太陽的距離立方成正比。舉例來說，火星和太陽的距離，是地球與太陽距離的 1.52 倍，而且火星的一年是 1.88 地球年：$1.52^2=3.53=1.88^3$。魯道夫星曆表最後在 1627 年發表，成為歷來第一部現代天文學星曆表。這些星曆表用上了新近才發現，且由蘇格蘭數學家暨天文學家約翰．納皮爾（John Napier, 1550–1617）發展出的對數，能用來判定行星在過去或未來任意時刻的位置。

看不見的變成看得見

第谷從事研究並不使用望遠鏡，而是以羅盤和象限儀來測定恆星和行星的位置。克卜勒從 1610 年起便有一台望遠鏡供他使用——伽利略送來給他，好讓他驗證伽利略本人所做觀測的儀器。就天文學家來講，整個世界——還有宇宙——都隨著望遠鏡的發明而改觀。突然之間，恆星和行星的差別變得明顯。有些行星還經發現擁有自己的衛星，而且它們本身自成世界的可能性也隨之浮現。銀河系經解析為恆星所組成條帶，恆星也真正變得數也數不清了。

第一台天文望遠鏡於 1550 年代早期問世，由倫納德．迪格斯（Leonard Digges, 1520–59）在英國製成，不過它

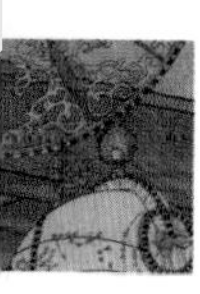

並沒有受到外界矚目，直到 1571 年，倫納德死後十二年，才由他的兒子湯瑪斯（Thomas, 1546–95）發表了父親用這台望遠鏡完成的成果。倫納德死時湯瑪斯才十三歲，於是他被託付給約翰．迪伊（John Dee, 1527–1609）照料並指導他學習。迪伊是位數學家、哲學家暨鍊金術士，也是伊莉莎白女王一世的御用占星師，這讓湯瑪斯得以接觸到迪伊的豐富藏書，並在那裡讀了哥白尼的書。1576 年時，湯瑪斯發表了他自己最重要的作品，他的父親所著《永恆的預測》（*Prognostication Everlasting*）之修訂版。他不只是添加了哥白尼一種以太陽為中心之宇宙模型的相關論述，還納入了他自己有關宇宙無限大的一項理論。湯瑪斯．迪格斯排斥恆星位於一遙遠天球上的構想，提出了一種太空無限大而且恆星在其間綿延不絕的觀點。他並沒有引述證據來支持這項理論，不過看來很可能是由於他使用了望遠鏡，加上意識到銀河是恆星所組成條帶，這才讓他歸出這項結論。由於迪格斯的這部作品不採用拉丁文，而是以英文發表，因此許許多多民眾都能讀懂他的理念，於是哥白尼模型也開始廣為普及。

然而，約略就在同時，天主教會也開始注意到，日心宇宙有可能構成一種異端思想。他們的敵意，似乎是根源自焦爾達諾．布魯諾（Giordano Bruno）對這種模型的支持。布魯諾本人在 1600 年以異端罪名被綁上火刑柱燒死。布魯諾是一項號稱赫耳墨斯主義（Hermetism）之宗教運動的追隨者，該教義根源自古埃及信仰，認為太陽是個神，故應予崇拜。他自然受到日心宇宙模型的吸引。他推廣哥白尼模型引來教會注意，不過有關他是因為推廣哥白尼模型才被燒死的流行觀點其實並無根據。他之所以遭判處極刑，其實是由於他相信基督不是

伽利略上太空

美國航太總署在 1989 年發射了一艘以伽利略為名的太空船，接著它在 1995 年進入繞木星軌道。沿途伽利略號探測器通過了小行星帶，並在那裡發現了一顆環繞小行星艾達（Ida）運行的微小衛星，稱為艾衛（Dactyl，「達克堤利」）。1994 年，舒梅克－李維九號彗星（Shoemaker-Levy 9）撞擊木星，伽利略號適時拍下了彗星分裂出的碎片。一具釋入木星大氣的探測器，記錄了約時速 720 公里的強風，隨後就被木星大氣摧毀。伽利略號繞行軌道 11 圈，完成記錄那顆行星和所屬衛星資料的主要任務。那艘太空船的任務延長，投入研究木星具活躍火山的衛星，木衛一，以及冰凍的木衛三（Ganymede,「蓋尼米德」）。伽利略號在 2003 年依計畫衝入木星大氣燒毀。

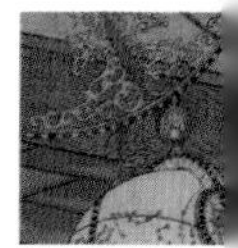

上帝，而是上帝創造的——即阿里烏教義（Arianism）——還有他施行魔法所致。然而，布魯諾支持日心模型，增長了教會對它的敵意，接著又遷怒迪格斯有關無限大宇宙的理論。儘管抱持相當乖僻的宗教思想，布魯諾的天文學洞見，已經遠遠超前他那個時代。他指稱遙遠恆星有可能完全就像我們的太陽，說不定有它們自己的世界，而且這些世界甚至還可能培育出如同人類這等榮耀的生物。

小行星艾達和它的微小衛星，艾衛。艾達長 56 公里，艾衛只有 1.6 公里長。

伽利略，研究宇宙的大師

早年望遠鏡最偉大的使用者無疑就是伽利略。伽利略在 1604 年把他的注意焦點轉向天文學，研究克卜勒先前曾觀測的超新星。他確立它並沒有移動，因此肯定如其他恆星同樣與我們相隔遙遠。伽利略自行製造望遠鏡，成品功能在當年算是非常強大（見第 41 頁）。到了 1610 年，他擁有了一台放大倍率 30 倍的儀器，並首度以這件設備，觀測木星的四顆最亮衛星——如今稱為「伽利略衛星」。（木星的最大衛星是木衛三，如今又稱為「蓋尼米德」，最早的發現人顯然是中國東周天文學家甘德，西元前 364 年以肉眼觀測。）起初伽利略以為它們是位於木星附近的「恆定星體」，不過經反覆觀測，結果卻顯示它們會移動。後來其中一顆消失，這時伽利略便領悟，原來它運行到木星背側，因此它肯定是環繞星球運行。這些是最早經確認環繞非太陽或地球運行的天體，對當代宇宙學的衝擊十分劇烈。隨後在 1892 年之前，始終沒有再發現木星衛星，不過如今已知有 63 顆衛星，依循比較安定的軌道環繞木星運行，而且說不定還有其他更小的衛星尚待發現。

此外在 1610 年時，伽利略觀察了金星的位相（類似月相的現象）。這就一舉證明行星肯定環繞太陽運行，而位相則肇因於繞軌運行期間，行星各不同部分受陽光照耀所致。於是在十七世紀早期階段，多數天文學家都從擁戴托勒密模型，改為信奉某一種日心宇宙模型。

不過情況還不只如此。伽利略還觀測到土星環，他想不透那些環是什麼東西。他明白銀河其實是為數龐大恆星組成的條帶，見到月球上有許多坑洞和山脈，觀測了太陽黑子，並分辨行星和恆星之別。他表明，恆星是遙遠的太陽，還根據恆星的相對亮度，估計出它們和地球的距離。儘管他把最接近的一些恆星，擺在區區幾百倍於地球和太陽相隔距離之外，還把使用望遠鏡可以見到的那群，擺在幾千倍於地—日距離之外（當然遠比真實距離更短），不過這些數字，把主張恆星不可能非常遙遠的反哥白尼模型論證拿來嘲弄了一番。他還清楚說明，恆星並不全都位於一個恆定距離，而是四散遍佈太空。他在 1610 年發表的《星際信使》（*Sidereus Nuncius*）書中表明，以望遠鏡觀察行星，眼中的它們就成為圓盤，若觀察的是恆星，則它們依然為光點。他觀測海王星，卻沒有認出那是顆行星。他甚至還驗證確認了德國天文學家約翰·法布里奇烏斯（Johann Fabricius, 1587–1616）和英國天文學家湯瑪斯·哈里奧特（Thomas Harriot, 1560–1621）都見到的太陽黑子，並歸結認定太陽也環繞其本身軸心轉動，每 25 天繞行一周。接著太陽黑子還對伽利略產生超乎尋常的更重大影響。

可是它會動啊

一般常說，伽利略在放棄地球移動繞行太陽的信念之後，曾囁嚅地說：「可是它會動啊。」這類傳言最早出自他死後一個世紀，而且他很不可能干冒被宗教法庭聽到的風險，發表這麼挑釁的言論。

和上帝鬥法

伽利略的觀測結果，為哥白尼的日心地動模型帶來充裕證據，不過伽利略仍不敢公開宣揚這項模型來爭取支持，無疑他是見了布魯諾的下場才退避三舍。起初教會對伽利略的發現很感興趣，甚至稱

伽利略在 1612 年使用他的望遠鏡（冒著危險）觀測，繪製的太陽黑子圖。

教宗保祿五世（Pope Paul V, 1552–1621）。

1610 年暢銷書

伽利略在 1610 年 3 月 13 日寄了一本《星際信使》預印本給佛羅倫斯宮廷。到了 3 月 19 日，一刷 550 本全部賣光。這本書立刻經翻譯為許多其他語言的版本，接著五年不到，甚至還出了中文版！

得上熱衷。他在 1611 年覲見教宗保祿五世，還有個耶穌會教士小組委員會為他的發現背書，認可銀河是大批恆星集結而成，同時土星具有奇特的橢圓造型，兩側各具一隆凸（他們還沒看出那些是環），還有月球表面崎嶇，木星有四顆衛星，而且金星有不同相。委員會並沒有針對這些發現的蘊涵發表評論。伽利略在前往羅馬覲見教宗期間加入義大利猞猁之眼科學院，成為這個全世界最早科學社群之一的會員，就在為他籌辦的盛宴上，「望遠鏡」一詞也經提議成為這種天文學新儀器的稱謂。

不過伽利略和教會的良好關係並沒有長久延續。他寫了一本談太陽黑子的小冊子，裡面他提出了有利於哥白尼模型的陳述，這是他唯一公開發表的這類言論。這引來了教會注意，於是他在 1615 年拜訪羅馬時，天主教會安排對哥白尼信念做了一次調查，並歸結認定那是「愚蠢、荒謬的……而且形式上為異端的」思想。不久之後，伽利略被告知，他不得抱持、捍衛或傳揚哥白尼信念，若他違抗就要面對宗教法庭審判。他聽從這項警告，不過只維持一時。1629 年，伽利略寫出他的《關於托勒密和哥白尼兩大世界體系的對話》（*Dialogue of the Two Chief World Systems*），書中他以哥白尼和托勒密模型擁護者之間的虛構對話，來介紹這兩大體系。他經教會批准發表這本書，條件是他不得偏袒哥白尼學說。教宗審查員堅持納入一篇序言和一段結語，說明哥白尼的觀點在這裡是作為一種假設，接著還告訴伽利略，他可以改動這兩段文字的措詞，不過內

姍姍來遲

直到 1758 年，《關於托勒密和哥白尼兩大世界體系的對話》和哥白尼的《天體運行論》依然列名天主教會禁書清單，即便教導日心說的書籍，大體都已解禁。晚近至 1820 年，教會審查員仍然拒絕頒授許可證給這本把日心說視為既定事實的書籍。直到一次上訴撤銷了這項裁決，在 1835 年下一次禁書清單出版時，伽利略的書和哥白尼的書，都從禁書之林除名。到最後，天主教會為早年處置向伽利略致歉，不過那已經是 2000 年。教宗若望．保祿二世（John Paul II）引述了伽利略審判案，並坦承教會在過去兩千年來所犯下的其他若干錯誤，不過認錯也實在太晚了。

哈雷的催化貢獻

1684 年，哈雷來劍橋拜訪牛頓，當時兩人談起資深天文學家已經討論了好一陣子的構想——平方反比定律和維繫行星繞軌運行之引力的關係。在此之前，哈雷在那同一年一月，便與羅伯特．虎克以及克里斯多佛．雷恩討論了這個議題。哈雷請教牛頓，倘若行星和太陽之間的力，和行星與太陽的距離平方成反比，那麼他認為行星軌道會是什麼樣式。牛頓答道，他已經就此完成計算，軌道會是個橢圓形。這次會談促使牛頓發表《原理》，於是這本經他擱置多年的書，才終於問世，並成為歷來所曾出版的最重要科學文獻。

容主旨必須保留原樣。序言經伽利略改動的結果，還有書中擁護托勒密模型的人物辛普利西奧（Simplicio），名字明顯帶有頭腦簡單的意思，這些讓教宗伍朋八世（Pope Urban VIII）認為伽利略是在嘲弄他，同時也是在宣揚哥白尼學說。伽利略奉傳喚前往羅馬接受異端審訊——指控他「把某人所傳假偽教義奉為實情，妄稱太陽為世界中心」。伽利略經勸服承認有罪，以免受到宗教法庭審判和可能的酷刑。他承認自己呈現哥白尼學說時論述得太超過。

他所受懲罰是終生監禁，實際上到最後是變成自宅軟禁，從 1634 年直到他在 1642 年死亡。

伽利略在他此生最後幾年期間，寫出了他最偉大的作品，《關於兩種新科學的論述和數學證明》（*Discourses and Mathematical Demonstrations Concerning Two New Sciences*）。這本著述成為第一本現代科學教科書，內容詳細闡明科學方法，還針對先前只以哲學工具來處理的現象，提出了數學的或實質的解釋。這本書經偷帶運出義大利，1638 年在德國萊登（Leiden）出版。推出後在各地都廣受歡迎，發揮重大的影響力，唯有義大利除外。

編纂天空的目錄

望遠鏡的發展，讓天文學家得以繪製出遠遠更為準確的星圖。當時法國已經

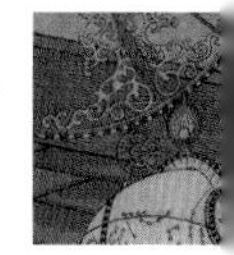

成立一處國家天文台，並由法國科學院（French Academy）負責掌控，在這種競爭態勢激使下，倫敦皇家學會敦促在大不列顛成立一座天文台。1675 年，皇家天文台在格林威治（Greenwich）成立，並以約翰．佛蘭斯蒂德（John Flamsteed, 1646–1719）為第一任皇家天文學家（不過當時冠的是「皇家觀測員」頭銜）。接著佛蘭斯蒂德很快就會與年輕的愛德蒙．哈雷（Edmund Halley, 1656–1742）書信聯繫。當時哈雷還在牛津就讀，熱衷從事天文學研究——他帶了一台長超過七公尺的望遠鏡前往牛津大學。起初是哈雷寫信給佛蘭斯蒂德，建議對當時使用的星表做幾項修正，不久他彷彿就成了佛蘭斯蒂德的門生。佛蘭斯蒂德正投入編錄新的北半球星表。哈雷提出一項針對南半球星空的雷同研究，很快就獲得皇家核准。哈雷的父親挹注資金，給他的兒子三倍於佛蘭斯蒂德皇家薪資的津貼。

看到愈來愈多

隨著望遠鏡效能持續增進，天文學家也愈來愈有本事揭發早期科學家思之不解的謎團。伽利略發現，土星有「耳朵」，然而幾年過後，耳朵卻又離奇消失。到了 1655 年，惠更斯開始和他的哥哥康斯坦丁（Constantijn）著手改進望遠鏡設計，期能預防色差（chromatic

緩慢回歸

牛頓的彗星就是 1680 年大彗星，這是第一顆經過望遠鏡觀測的彗星。預計它會在 11,037 年左右回來。牛頓使用他的彗星軌跡測定結果來檢驗克卜勒定律。

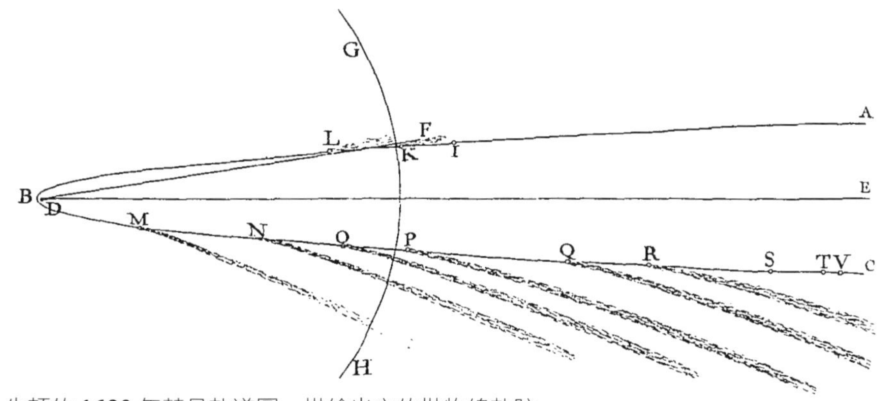

牛頓的 1680 年彗星軌道圖，描繪出它的拋物線軌跡。

aberration）——影像周圍的色彩條紋。接著他把他的五十倍望遠鏡轉朝土星。1652 年，他發現了土星最大的衛星，土衛六（Titan,「泰坦」），四年過後，他看出伽利略在土星看到的「耳朵」，其實是個環圈：「……這顆行星被一個細薄、平坦的圓環圈繞，沒有一處接觸，而且對黃道面傾斜。」不過當時並不清楚，環圈的組成為何。起初天文學家假定那是固態或液態構造，不過到了 1675 年，卡西尼發現了圓環系統中有個間隙。到了 1855 年，劍橋大學更指定以判定土星環的根本屬性為「亞當有獎徵文」（Adam's Prize Essay）的研究課題。該獎項由馬克士威贏得，他論證一群微小的繞軌固體粒子是唯一可能的組成，因為其他任何成分都不安定；只因為地球到土星距離遙遠，此系統看來才像個連續團塊。馬克士威的這項論點，在 1895 年經光譜學技術證明為真。

十七世紀的天文學家，趁太陽、地球和火星排成一直線的時機，動手計算太陽的大小和它與地球的相隔距離。

迢迢遠距之外

卡西尼的最著名成就，是他的行星相隔距離和太陽大小的研究。在那之前，有關太陽和地球相隔距離的唯一估計值，由阿里斯塔克斯在西元前 280 年提出。哥白尼的研究讓我們得以判定各行星與太陽相隔距離的相對比率，然而當時並沒有數字可以據以算出絕對距離。一個理想機會在 1671 年自行浮現，當時太陽、地球和火星排成一直線，地球和火星的相隔距離縮減到最短。巴黎天文台就在當年啟用，由卡西尼擔任台長，於是他得以派一位同事，讓．里切（Jean Richer）前往南美洲開雲（Cayenne）進行觀測，同時卡西尼也在巴黎自行進行觀測。由於當時的法國國王是自號太陽王的路易十四（Louis XIV），於是計畫獲皇家核准。卡西尼知道巴黎和開雲相隔一萬公里，於是他使用三角學，算出從地球到火星的距離，接著再運用克卜勒行星運動定律，來推出太陽和地球相隔 1 億 3 千 8 百萬公里。這和現今公認的將近 1 億 5 千萬公里數值相比，只短少了百分之九。後續計算又披露，太陽尺寸 110 倍於地球大小。牛頓的《原理》和書中的重力描述發表之後，情況

金星凌日

卡西尼之前，英國天文學家傑雷米亞·霍羅克斯（Jeremiah Horrocks, 1618–41）論稱，若能從地表不同地方準確測定金星凌日——該行星從太陽表面通過——的時間，我們就有可能算出地球和太陽的距離。霍羅克斯曾在 1639 年，就在他死前兩年，親身觀測了一次金星凌日。下一次預計出現在 1761 年，再下來則是在 1769 年。

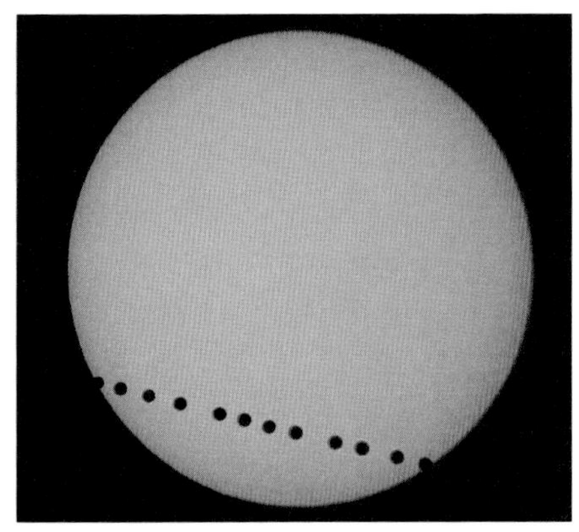

金星凌日期間，行星就像個細小黑點，從太陽前方通過。

哈雷推廣普及運用三角測量來計算地—日距離的概念，這段距離稱為天文單位，能用來計算當時所知的太陽系大小。三角測量是計算事物位置的做法，實作時得從相隔已知距離的兩個定點，分別測量該事物的角度，據以計算其位置。這個做法傳統上是用來丈量建築甚至山峰的高度。

哈雷在下一次凌日出現前十九年就死亡，只能留待其他人來落實他的構想。隨著日子迫近，天文學家動身往赴世界各地考察，記錄發生時機。凌日終究非常不容易測得準確、穩當，不過把全球各角落測得的不同結果湊攏在一起，他們算出了約 1 億 5 千 3 百萬公里的數值，和當今一般採信的 1 億 5 千萬公里數字相差不大。接著到了十八世紀尾聲，天文學家對太陽系的大小，已經有了實際的認識。天文學的現代時期根基奠定，在這個時代，最遙遠天體就要進入觀測的焦點。

又更形明朗，太陽質量約 33 萬倍於地球質量。

讓彗星就定位

哈雷和牛頓的友情結出果實，得出了彗星運動的一項解釋。牛頓在《原理》書中闡明，彗星軌跡如何能從三個觀測位置並在兩個月期間計算得知，而且他編錄了二十三顆彗星的資料。不過他假定，從太陽系外側依循拋物線軌跡前來的彗星，會在圈繞太陽後，啟程回歸外太空——這樣的星體，如今我們把它當成非週期性彗星。牛頓不想拿他的彗星資料親自動手做計算，而把數字轉交給哈雷。哈雷同樣假定軌跡呈拋物線，不過後來他注意到，（克卜勒觀測的）1607 年彗星的軌跡，和他親眼看到的 1680 年彗星的軌跡非常相像，於是想法開始改變。隨後他發現，那條軌跡和 1531 年見到的一顆彗星軌跡相符，並歸結認定，這三顆全都是同一星體，並不依循拋物線軌跡，而是非常寬廣的橢圓形繞日軌道。哈雷算出了 76 年回歸週期，於是他預測，那同一顆彗星會在 1758 年再次出現。哈雷死後 16 年，這顆彗星——如今稱為哈雷彗星——準時在 1758 年聖誕節重新出現。

哈雷彗星首次在經過時被照相機拍下照片，1910 年。

歷史上的哈雷彗星

哈雷慧星有可能早在西元前 467/6 年就記載於古希臘和中國文獻。哈雷彗星出現在天上時，一顆「貨車」般大小的隕石墜落在希臘，成為往後五百年間，吸引民眾觀賞的奇景。哈雷彗星的第一個確鑿紀錄出自中國文獻，為西元前 240 年的身影留下見證。下一次目睹紀錄在巴比倫一塊黏土刻寫板。一些鑄有亞美尼亞國王提格蘭大帝（Tigranes the Great）肖像的錢幣，似乎也把哈雷

貝葉掛毯顯示哈雷彗星在 1066 年留下身影，當時它被看成是種預兆。

彗星呈現在他的皇冠上，記載了它在西元 87 年出現的情景。哈雷在西元 837 年靠得最近，距離只為 0.03 天文單位，當時它的彗尾延伸跨越天際有可能達到 60 度角。哈雷彗星的圖像見於貝葉掛毯（Bayeux Tapestry），也曾出現在喬托（Giotto）的《賢士朝拜》（*Adoration of the Magi*）圖中，化身伯利恆之星（這顆星大概不是哈雷，因為它出現在西元前 12 年）。

1910 年，哈雷彗星壯觀現身，距離貼近到相當短的 0.15 天文單位。那年首次由照相機拍下它的照片，彗尾還經過了光譜學研究（這是研究氣體譜線特殊模式來分析其化學組成的方法，見第 116 頁）。它的光譜顯示（除其他成分之外）彗尾含有毒氣體氰。因此天文學家卡米伊．弗拉馬利翁（Camille Flammarion, 1842–1925）才說，穿過彗尾「有可能消滅〔地球上的〕所有生物」。於是大眾因此受騙上當，花大錢購置防毒面具、「抗彗丸」和「遮彗傘」。不消說，地球上的生物熬過了那次遭遇。

彗星在 1994 年的回歸，不只起動了地面攝影作業，還促成兩艘探測器上太空貼近檢視，喬托號（Giotto）和維加號（Vega）。這些作業發現，哈雷彗星外形很像花生，長 15 公里，寬和厚都為 8 公里，彗髮（大氣）則為 10 萬公里長。彗髮是彗星受陽光照射時，表面的固態一氧化碳和二氧化碳昇華變成氣體形成的。哈雷彗星據信是以碎石堆的細屑成分鬆散聚攏而成。它們結為一體，每 52 小時自轉一圈。兩艘探測器測繪了彗星

彗星帶來，彗星接走

「我在 1835 年和哈雷彗星一道來到人間。它明年還要再來，我料想會隨它離去。倘若我不和哈雷一道離去，那會是我這輩子最掃興的事。全能的神肯定這樣說過：『這裡是兩個莫名其妙的怪胎；他們一起來，他們必須一起離去。』」

馬克吐溫自傳，1909 年

馬克吐溫生於 1835 年 11 月 30 日，正好在哈雷彗星來到最貼近太陽（近日點）位置之後兩週。他死於 1910 年 4 月 21 日，也就是彗星下一次近日點的隔天。

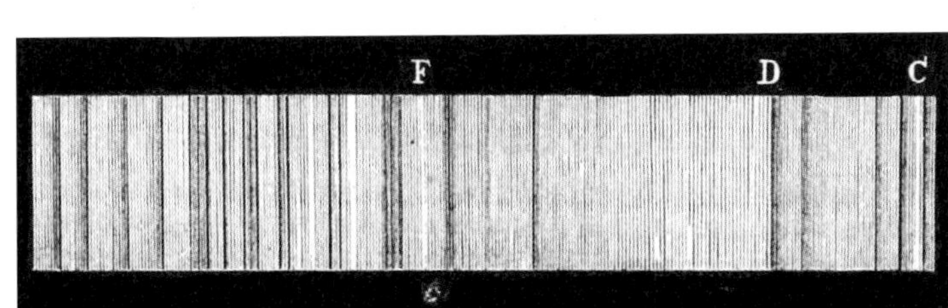

北冕座的變星光譜，1877 年。

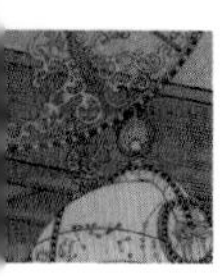

威廉敏娜．弗萊明。

約四分之一的表面，找到了小丘、山脈、稜脊、窪地和一處隔坑。

光譜學——新的檢視做法

十九世紀尾聲，天文學引進一種稱為光譜學的技術，以此來研究天體光譜，促成了一種全新的觀星方式。光通過氣體時，有些波長會被吸收，留下一種特殊的譜線圖樣。每種氣體會產生自有獨特頻譜圖樣。所以只需分析恆星發出的光，我們就有可能探知其化學組成。美國天文學家，天文攝影先驅亨利．杜雷伯（Henry Draper, 1837–82）率先在 1872 年拍下一顆恆星光譜。他的織女星照片呈現出特有的譜線。他在 1882 年過世，死前又拍了一百多幀恆星光譜照片。1885 年，愛德華．皮克林（Edward Pickering, 1846–1919）接下棒子，擔任哈佛大學天文台台長，並開始監督一項大規模作業，使用攝影光譜學來編制一部詳細星表。杜雷伯的遺孀同意出資挹注這項大膽行動，於是這項規模宏大，最後造就出杜雷伯星表（Henry Draper Catalogue）的天體編錄計畫，就此開展。這項計畫在 1890 年發表的第一部出版品是《杜雷伯恆星光譜表》（*Draper Catalogue of Stellar Spectra*），內容羅列了 10,351 顆恆星。

皮克林對他的男性助理的能力表現深感失望，並公開表示，他的女僕能做得更好。他的女僕是位蘇格蘭女士，威廉敏娜．弗萊明（Williamina Fleming, 1857–1911），早先和丈夫移民來美，懷孕

安妮．坎農。

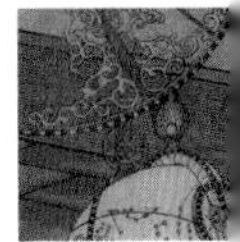

後卻遭先生拋棄。她為謀生計，養育兒子，於是開始幫皮克林工作。弗萊明開始從事星表編錄和分類工作，開發出一套系統並根據恆星光譜含多少氫，分別賦予各星一個字母（A代表含量最高）。不到九年間，弗萊明編錄了超過一萬多顆恆星。她發現了59個氣體星雲，超過310顆變星、10顆新星以及馬頭星雲。皮克林請她領導一大群女士組成的號稱「計算員」的團隊，他雇用這些人，是為了執行星體分類和編錄相關事項所需計算作業（當年那群女士每小時只領25–50分錢，比祕書領得還少。）後來弗萊明和團隊其他幾位女士，包括亨麗愛塔・勒維特（Henrietta Swan Leavitt, 1868–1921）以及杜雷伯的外甥女安東妮亞・莫里（Antonia Maury, 1866–1952），都成為受人景仰的天文學家。

還有一位「皮克林的女士們」成員是安妮・坎農（Annie Cannon, 1863–1941），她改進了弗萊明的系統，還引進了依溫度來為恆星分類的做法。坎農和弗萊明不同之處在於，她擁有物理學學位，而且她開始為皮克林工作時，已經投入研究天文學。她身染猩紅熱，一次發作導致她幾乎完全失聰，然而當莫里和弗萊明對分類做法起爭執時，卻是由坎農介入交涉。坎農的分類新法把恆星區分為O、B、A、F、G、K和M類型（常用記憶方法是「Oh, Be A Fine Guy/Girl, Kiss Me」），這套系統稱為哈佛光譜分類（Havard spectral classification），迄今依然沿用。這套體制的一種改良版本稱為摩根─肯納系統（Morgan-Keenan system），為每個字母添加0–9數字來做區分細類，此外還加上羅馬數字I至V來代表光度，不

視差

視差是分從兩處不同位置觀測同一物體，從而算出該物體距離的做法。就恆星的情況，天空經攝影兩次，前後相隔六個月。只要測量某恆星相對於背景恆星群看似移動多遠，天文學家就能使用三角測量法來算出地球和那顆恆星相隔多遠。

各位可以自己看看視差的運作原理。手握一支鉛筆立在面前，首先只用左眼觀看，接著只用右眼。鉛筆相對於背景看來就會移動，這是由於兩眼分從略微不同的位置看它所致。

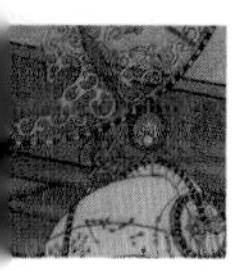

過坎農的系統依然保有核心地位。後來坎農還接手負責整個編錄計畫。

有了這些增補做法，杜雷伯星表編錄了 359,083 顆恆星並做分類。坎農本人編錄了 230,000 顆恆星，超過先前所有天文學家完成的總數。她是第一位接受牛津大學頒授名譽博士學位的女性，也是第一為獲選擔任美國天文學會（American Astronomical Society）職位的女性。

深入檢視空洞

卡西尼在十七世紀用來估算火星和地球相隔距離的三角測量法，若運用得當，就有可能用來估算出鄰近恆星的距離。這就表示要運用地球相隔六個月的兩處位置——也就是分別位於太陽兩側的位置——來提供三角測量的基準。由於地球和太陽的距離是一個天文單位，這個基準就是兩個天文單位寬，距離夠大，能符合準確測量所需要求。在這段期間，和比較遙遠的背景恆星群相比，那顆鄰近恆星的位置看來已經改變——這種做法稱為視差（見第 171 頁）。

依巴谷衛星，用來測量超過十萬顆恆星的視差。

早先惠更斯便曾拿天狼星的亮度和太陽亮度做了比較，嘗試估算天狼星和地球的相隔距離。他判定，假定天狼星和太陽一樣明亮，那麼它就是位於 27,664 倍遠距之外。這是很艱難的使命，因為他必須拿他在白天觀測太陽所得結果，和他在夜間觀測天狼星所得結果來做比較。

儘管測量恆星跨越天空的表觀運動，據以計算其距離所採原理合情合理，技術上卻很困難，所需設備也非當時的天文學家所能取得。第一項以視差法發現的準確星體距離，由德國科學家弗里德里希・貝塞爾（Friedrich Bessel, 1784–1846）求得，他在 1838 年為天鵝座 61（61 Cygnus, 天津增廿九）算出距離為 10.3 光年。事實上，一位蘇格蘭人，湯瑪斯・亨德森（Thomas Henderson, 1798–1844）早在 1832 年就已測出半人馬座阿伐（Alpha Centauri, 南門二）的距離，但直到 1839 年才發表所得結果。知道了恆星的距離，要逆轉惠更斯的方程式來計算其亮度就比較直截了當。

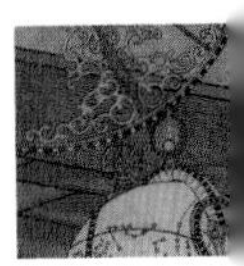

太空中的望遠鏡

1990 年哈伯太空望遠鏡由太空梭發射升空，名字取自著名天文學家哈伯，以褒揚他的貢獻，這是一架光學望遠鏡，升空後就在軌道上繞地運行。由於身處太空，能產生出極端清晰的影像，幾乎全不受背景光害的干擾或地球大氣的扭曲影響。太空望遠鏡最早在 1923 年提出，早在有可能建造之前，已經開始研議。

哈伯拍得的影像，圖示兩座星系由雙方的重力相吸，靠攏在一起。

不過當時能運用的工具，依然不能勝任那項工作。測量都只能用肉眼進行，攝影術也還沒有發明。到了 1900 年，總共只測定了 60 件視差。攝影術問世之後，這個歷程就能大幅加速，往後五十年間，又完成了一萬件視差測定。從 1989 到 1993 年間，歐洲太空總署（European Space Agency）的依巴谷衛星（Hipparcos Satellite, 全稱「依巴谷高精視差測量衛星」）測得 118,000 顆恆星的視差，同一項任務做出的第谷第二星表（Tycho-2 catalogue）還提供了銀河系內超過 250 萬顆恆星的相關資料。

若是非常遙遠的恆星，視差法就沒什麼用處。另一種做法是使用一類號稱造父變星（Cepheids）的恆星資料，這種方法由亨麗愛塔・勒維特（Henrietta Swan Leavitt）發展出來，她也隸屬皮克林的女性「計算員」團隊的一員。造父變星的亮度會變動，脈動週期從一天到好幾百天不等。一旦計算得知一顆造父變星的距離，接下來就能以勒維特闡述週期—光度和距離之關連性的方程式，

埃納・赫茨普龍。

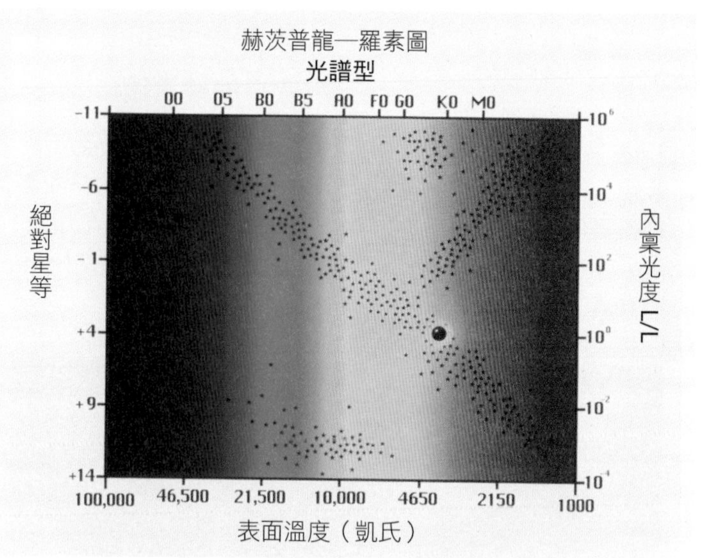

赫茨普龍—羅素圖呈現恆星的亮度（y 軸）和溫度（x 軸）；色彩隨溫度改變。

來計算出其他造父變星的距離。突然之間，銀河各處甚至系外的距離，全都變得一清二楚，還發現宇宙比先前所想更大上許多。

1918 年，美國天文學家哈羅・沙普利（Harlow Shapley, 1885–1972）使用造父變星法來研究他以為是位於銀河系內部的球狀星團（globular cluster）。結果他發現，原來銀河遠比先前所想更大了許多，而且太陽系也有別於先前假設，根本不位於銀河中心，甚至相去甚遠。1923–4 年冬，美國天文學家埃德溫・哈伯（Edwin Hubble, 1989–53）發現了銀河系外，仙女座星系內的造父變星，於是他也得以算出，該星系約位於百萬光年之外（他的數字過低，實際上該星系是約位於 250 萬光年之外）。

亨利・羅素。

恆星顯現的條帶

丹麥化學工程師埃納・赫茨普龍（Ejnar Hertzsprung, 1873–1967）在閒暇時間研究天文學和攝影術，結果發現了恆星色彩和亮度之間的一種關係。

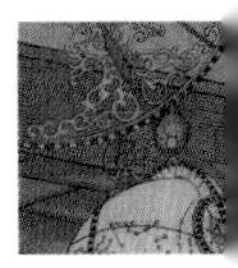

儘管赫茨普龍後來成為一位聲望卓著的天文學家，但當他在 1905 年和 1907 年把所得結果發表在一份不起眼的攝影期刊之時，還是個業餘人士。他的發現並沒有引來專業天文學家的注意。美國天文學家亨利 · 羅素（Henry Norris Russell, 1877–57）也注意到恆星亮度和色彩的關係，不過他是於 1913 年在一份比較著名的天文學期刊上發表他的發現。而且羅素還把結果標繪成圖。過沒多久，赫茨普龍的貢獻也獲得認可，那幅圖示如今便稱為「赫茨普龍—羅素圖」，簡稱赫羅圖。

恆星的色彩——更明確而言是恆星所放射的光波長——是它的溫度的一個指標。然而恆星的整體亮度還取決於它的尺寸。就如房間暖氣機放射的熱量，有可能多於（遠更為熾熱的）燃燒火柴，

用來測量安定的碳、氧同位素的質譜儀。

亞瑟 · 愛丁頓。

一顆恆星的尺寸也和它的溫度同等重要。所以即便一顆小型藍色星的表面溫度高於一顆龐大的紅色星，該紅色星放射的能量，仍有可能超過那顆藍色星。赫羅圖產出的資訊，為天文學家提供了恆星內部可能作用的第一條線索。

恆星的祕密生活

英國天文學家愛丁頓曾帶領考察團，觀察 1917 年日食，由此確認了愛因斯坦的相對論，蒐羅最早洞見，探究恆星內部有可能發生哪些現象。他把赫羅圖和部分恆星已知質量資訊結合起來，結果發現，質量最大的恆星也最亮。這很有道理。為了防止重力把恆星本身向內拉扯，它必須生成並釋出許多能量。質量愈大，重力拉力愈強，抗衡所需能量也愈多。很快他就發現，不論尺寸大小或表面溫度高低，主序星（分布於主序帶上的恆星）的內部溫度全都大體相等。此外他還發現，為恆星提供能量的燃料，必然是原子核——恆星沒有其他方式能產出可供燃燒數十億年的充裕燃料。

有關太陽能量源頭的最早

推想是放射性同位素，好比鐳，不過鐳的半衰期太短。重要突破出自英國劍橋卡文迪什原子研究中心（Cavendish atomic research centre）完成的一項研究。1920 年時，英國化學家暨物理學家弗朗西斯·阿斯頓（Francis Aston, 1877–1945）使用一台質譜儀來測量氫和氦的質量。氫核有一顆質子，氦核則有兩顆質子和兩顆中子。阿斯頓發現，四顆氫核的質量略大於一顆氦核。愛丁頓知道氫和氦顯然是太陽含量最豐富的元素。愛丁頓對愛因斯坦的研究成果知之甚深，得以應用方程式 $E=mc^2$ 來推斷出太陽的能量源自核融合，氫在太陽中心熔煉成氦。阿斯頓指出的些微質量差異，全都會被轉換成能量。

> 「恆星是以我們所不知道的方法，從某種龐大庫藏吸取能量。這種庫藏幾乎只可能是次原子能源，此外別無其他，而且已知這種能源大量存在於所有物質；有時我們會夢想，人類有一天能學會如何釋出這種能量，使用它來為自己服務。蘊藏幾乎用之不竭，不過先得有辦法取用才行。太陽有充裕蘊藏，來維繫它的熱量輸出達 150 億年。」
>
> 亞瑟·愛丁頓，1920 年

就如核分裂能分裂原子核，把較重元素變換成較輕元素，核融合則能結合原子核，把較輕元素變換成較重元素。由於當中涉及龐大體積的氣體，因此有充裕能量不斷釋出，持續為太陽提供動力達數十億年。隨後情況開始明朗，除了氫、氦和部分鋰之外，其他所有元素都是經由恆星內部的核融合作用或者超新星爆炸形成的。

傾聽空洞

儘管我們處理的恆星距離和數量，全非早期觀星家所能想像，但仍有更多是我們以光學望遠鏡看不到的，就連停泊在太空中的儀器也不例外。不過若使用電磁頻譜的非可見光部分，好比無線電波，我們就有可能探測宇宙的更深邃部分。電波天文學的根源，或許取決於發明家暨創業家湯瑪斯·愛迪生（Thomas Edison, 1847–1931），因為他在 1890 年寫了一封信，提議由他和一位同事建造一台接收機，來收取太

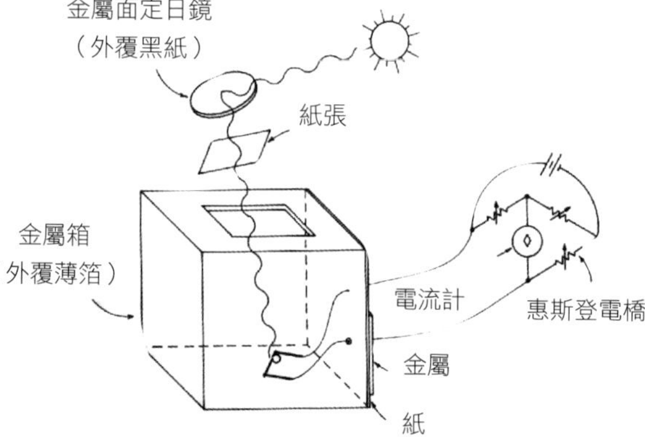

沃爾辛和謝爾納試行偵測太陽無線電波採用的設備。

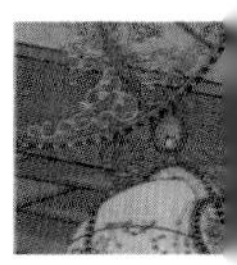

尼古拉‧特斯拉（Nikola Tesla, 1856-1943）

特斯拉生於奧匈帝國一區，隸屬今克羅埃西亞共和國。他兩度從大學退學，並與他的親友斷絕往來（他的朋友以為他淹死在穆爾河）。1884 年，他遷往美國。特斯拉從事無線電通訊、X 光、電力和能量相關研究。初抵美國時，他開始為愛迪生工作，後來由於薪資爭議辭職。隨後他創辦自己的實驗室。他是個非常多產的發明家，不過他的部分發明、他的個性以及他的態度都不依循常軌，而他也始終被視為標新立異之徒。他宣稱自己偵測到外星人在火星或金星上的無線電傳訊，不過他這樣講，並沒有幫忙改善他的形象。

1904 年，美國專利局撤銷特斯拉的無線電專利，改授予馬可尼；馬可尼在 1909 年以發明無線電獲頒諾貝爾獎。特斯拉和馬可尼與愛迪生口角爭執，接著在第一次世界大戰期間，海軍又把他設於長島的德律風根（Telefunken）無線電偵測站破壞，以防它被用來刺探情報，自此他的運氣急轉直下。特斯拉愈來愈沉迷於數字 3 和鴿子。他的名譽崩壞，最後一根稻草是他大力宣揚的所謂「死光」，按他說法，那會「發出集中粒子束，穿透空氣，以這等龐大能量，粒子束能從兩百英里之外，打下為數一萬架的敵軍機隊……還能讓部隊在行軍時斃命」。特斯拉這輩子最後十年都住在紐約客飯店（Hotel New Yorker），他死後，美國政府以安全顧慮為由，扣押他滿滿兩卡車的報告。

陽發出的無線電波。倘若他真的建造了這樣一台裝置，只怕也偵測不到太空的無線電波。英國物理學家，奧利弗‧洛茲（Oliver Lodge, 1851–1940）爵士實際建造了一台偵測器，但從 1897-1900 年卻完全找不到發自太陽的無線電波的絲毫證據。最早深入探究這道課題的科學家是兩位在德國工作的天文學家，約翰內斯‧沃爾辛（Johannes Wilsing, 1856–1943）和朱利葉斯‧謝爾納（Julius Scheiner, 1858–1913）。他們歸結認為，電波天文學不靈光，是由於無線電波被大氣所含水蒸氣吸收所致。

法國研究生夏爾‧諾德曼（Charles Nordman）推斷，倘若大氣能攔阻從太空射來的無線電波，那麼他最好是把他

的天線架設在大氣之上的某處高地。他帶著天線登上白朗峰頂。諾德曼同樣沒有接收到發自太陽的無線電波——不過就這次事例，他是運氣不好。若是在無線電波發射達到最高水平的太陽極大期（solar maximum）進行，他的設備應該就能發揮作用。不幸的是，1900 年是太陽極小期（solar minimum），因此他沒有偵測到任何東西。不過普朗克的黑體輻射和光量子研究，倒是揭發了另一個問題。以普朗克方程組來預測落入電磁頻譜之無線電波區段（波長 10–100 公分）的太陽輻射量，結果狀況變得很明顯，那種輻射應該非常微弱——微弱到以當年能派上用場的設備都偵測不到。另一項打擊出現在 1902 年，電機工程師奧利弗．黑維塞（Oliver Heaviside, 1850–1935）和埃德溫．肯內利（Edwin Kennelly, 1861–1939）預測存有電離層，這是電離粒子形成的大氣上層，能反射無線電波。（不過如今電離層具有輔助無線電通訊的重要用途。無線電波碰到電離層就會反彈，因此才得以進行長距離傳訊。）這些令人失望的結論，似乎把搜尋熱忱澆熄了，往後三十年都不再有人投入嘗試偵測無線電信號。

西班牙耶韋斯（Yebes）天文學研究中心所屬電波望遠鏡的天線。

哈伯望遠鏡拍下的人馬座照片，央斯基當初偵測的無線電信號就源出此處。

1932 年出現突破，美國無線電工程師卡爾．央斯基（Karl Jansky, 1905-50）當時在美國紐澤西州的貝爾電話公司任職，負責調查跨大西洋電話服務所受無線電靜電干擾。央斯基使用一台大型定向天線，結果發現一股來源不明的信號，每隔 24 小時重複出現。起初他猜想那是來自太陽，後來他察覺，信號反覆出現週期其實是 23 小時 56 分鐘——比一天

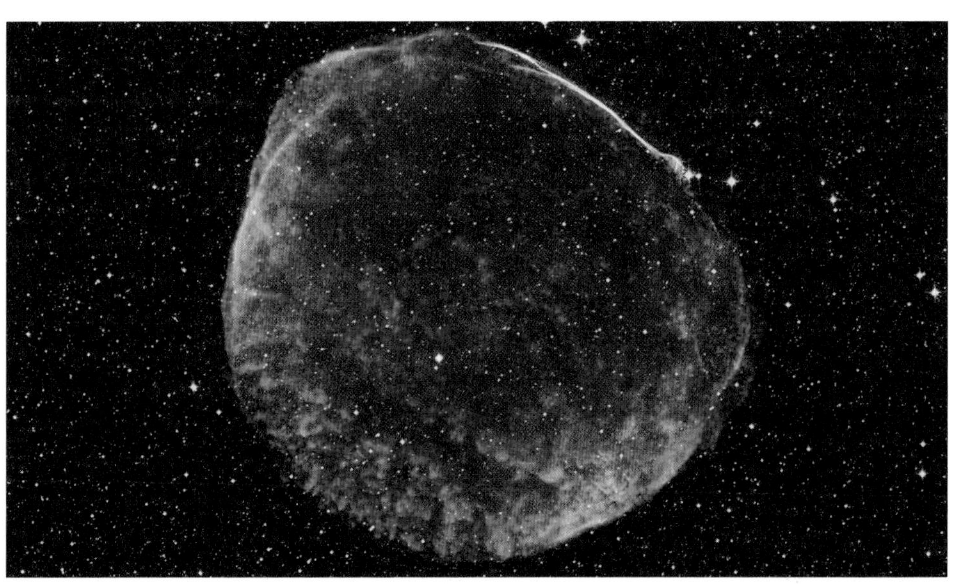

SN1006 超新星殘骸，約七千年前由一顆大質量恆星爆炸生成。

短。他的一位天體物理學家朋友，阿爾伯特．斯凱雷特（Albert Skellett）表示，那似乎是從恆星發出來的。他們使用天文圖，確認出處位於銀河系，更明確講是來自星系中央，人馬座附近，因為信號高峰和人馬座出現時機一致相符。央斯基猜想，信號是發自星際塵埃或星系核心的氣體雲。他希望繼續做他的銀河源無線電波工作，不過雇主卻把他調到另一項計畫，於是他只好放下他的研究。他這一項偉大發現，標誌了他的天文學生涯的起點和終點。央斯基的成果啟迪美國業餘天文學家格羅特．雷伯（Grote Reber, 1911–2002），1937 年著手在自家後院打造了一台拋物線電波望遠鏡，率先以無線電頻率進行第一趟巡天探測。

發自太陽的無線電波，最早在 1942 年由英國陸軍研究官詹姆斯．海伊（James Hey, 1909–2000）發現。電波天文學如今已經是受人景仰的學門：劍橋大學的電波天文學家馬丁．賴爾（Martin Ryle, 1918–84）和安東尼．休伊什（Antony Hewish, 1924–）在 1950 年代早期，繪製出天空無線電電波源圖表，完成了第二版和第三版的「劍橋無線電波源表」，簡稱 2C 和 3C 調查報告。如今電波望遠鏡經常排列成行，天線指向同一片天域，接著彙總它們的資料。每座望遠鏡都有一個大型收集天線碟，把接收的無線電波聚集在天線上。接著使用賴爾和休伊什開發的一種稱為干涉法（interferometry）的技術，把各天線得來的資料結合（或「干涉」）在一起。

相符信號會彼此強化，衝突信號則會相互抵銷。最後結果集結成單一巨型天線碟的威力。為把電離層和大氣水蒸氣的干擾降至最低，電波望遠鏡的最佳建置地點，一般都位於乾旱地帶的高海拔處。

儘管電波望遠鏡能用來研究太陽和太陽系所屬行星，它們卻最常用來探索以光學望遠鏡看不見的十分遙遠星體。如今這已經促成如類星體和脈衝星等重大發現。

小綠人

脈衝星的最早名稱為 LGM，意思是小綠人（Little Green Men），命名原因出自一項推論，認為那種脈衝信號代表某種外星生命刻意進行的無線電傳輸。這造成了高度恐慌，大學當局還考慮隱瞞這項發現。後來喬絲琳·貝爾發現了另一顆脈衝星，這才證明那是種自然現象。

類星體──位處偏遠的強大星體

類星體（quasar）是「類恆星天體」（quasistellar object）的簡稱。類星體是非常活躍的天體，而且具有非常大的紅移（見第 191 頁），代表它們位處極偏遠區域。現知類星體數量達 20 萬，全都位於 7 億 8 千萬到 280 億光年之外，於是它們也就成為我們所知的最遙遠天體。最早一批類星體在 1950 年代晚期為人發現，接著在 1962 年由荷蘭天文學家馬爾滕·施密特（Maarten Schmidt, 1929– ）描述。類星體的大規模輻射噴發，說不定是產生自物質向一顆大質量黑洞墜落，釋出重力能量所致。這種質量高達百分之十變換成能量，並得以在落入事件視界之前逸出（見第 187 頁）。恆星內部進行的核融合不可能生成足夠能量，來讓類星體發出那麼燦爛的光芒（可見光和其他類型的電磁輻射），並由那麼浩瀚距離之外的地球偵測到。超新星的爆炸事件能產生充分能量，足夠讓人看見好幾週，不過類星體卻能長期存續。最遙遠的類星體要能被人看見，它們就必須很亮，達到太陽亮度的兩兆倍（2×10^{12} 倍）。或說它們以前必須很亮──這些天體都位於幾十億光年之外，所以我們眼中所見，是它們在宇宙開端不久之後的模樣。

飛、飛、飛上天

二十世紀整段時期，我們對天文學和太空物理學的認識已經出現大幅改變。不過最重要的發展，或許就是時間和空間經媒合成為單一概念──時空連續體，這點我們到下一章再來討論。

馬爾滕·施密特。

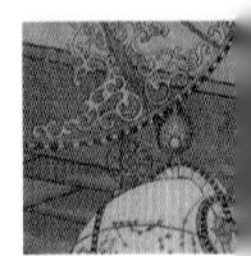

脈衝星——旋轉的能量束

脈衝星是高度磁化的旋轉星體。當大質量恆星的燃料源耗竭，核心隨之塌縮，變成一顆稱為中子星的極緻密天體之時，就會形成一顆脈衝星。脈衝星這樣命名，是由於它自轉時會放射出高度指向性輻射——產生出一種相當類似燈塔發出光束掃射海面的脈衝——而且唯有輻射束直接指朝地球時，我們才觀測得到它。脈衝之間的相隔時段，從 1.4 毫秒到 8.5 秒不等。脈衝在 1 千萬年到 1 億年間，速率遞減到最後完全終止，所以歷來曾經生成的脈衝星，多半已經不再脈動。

喬絲琳．貝爾．伯內爾。

第一顆脈衝星在 1967 年發現，發現人是 24 歲博士生喬絲琳．貝爾（Jocelyn Bell，如今她是喬絲琳．貝爾．伯內爾 [Jocelyn Bell Burnell] 女爵士）。然而最後卻是她的指導教授休伊什在 1974 年以這項發現獲頒諾貝爾獎，她本人沒有獲獎，從而引發爭議。1974 年對一組雙星系統裡面的一顆脈衝星（該脈衝星環繞一顆中子星運行，軌道週期為八小時）所做觀察，為重力波提供了第一項證據，確認愛因斯坦廣義相對論的另一個部分。

脈衝星自轉時，唯有當地球位於脈衝當中，我們才觀測得到它所放射的輻射。

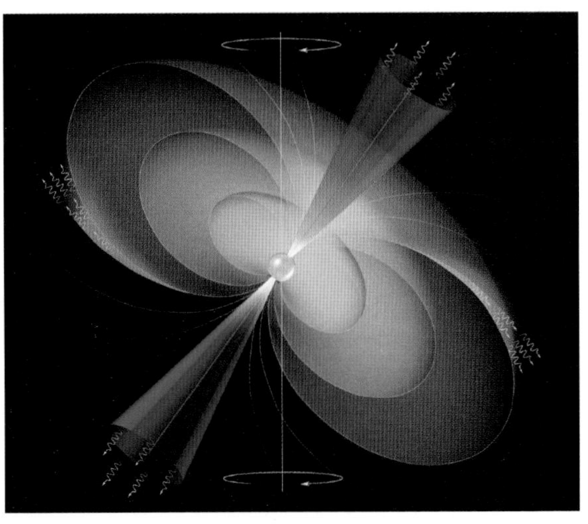

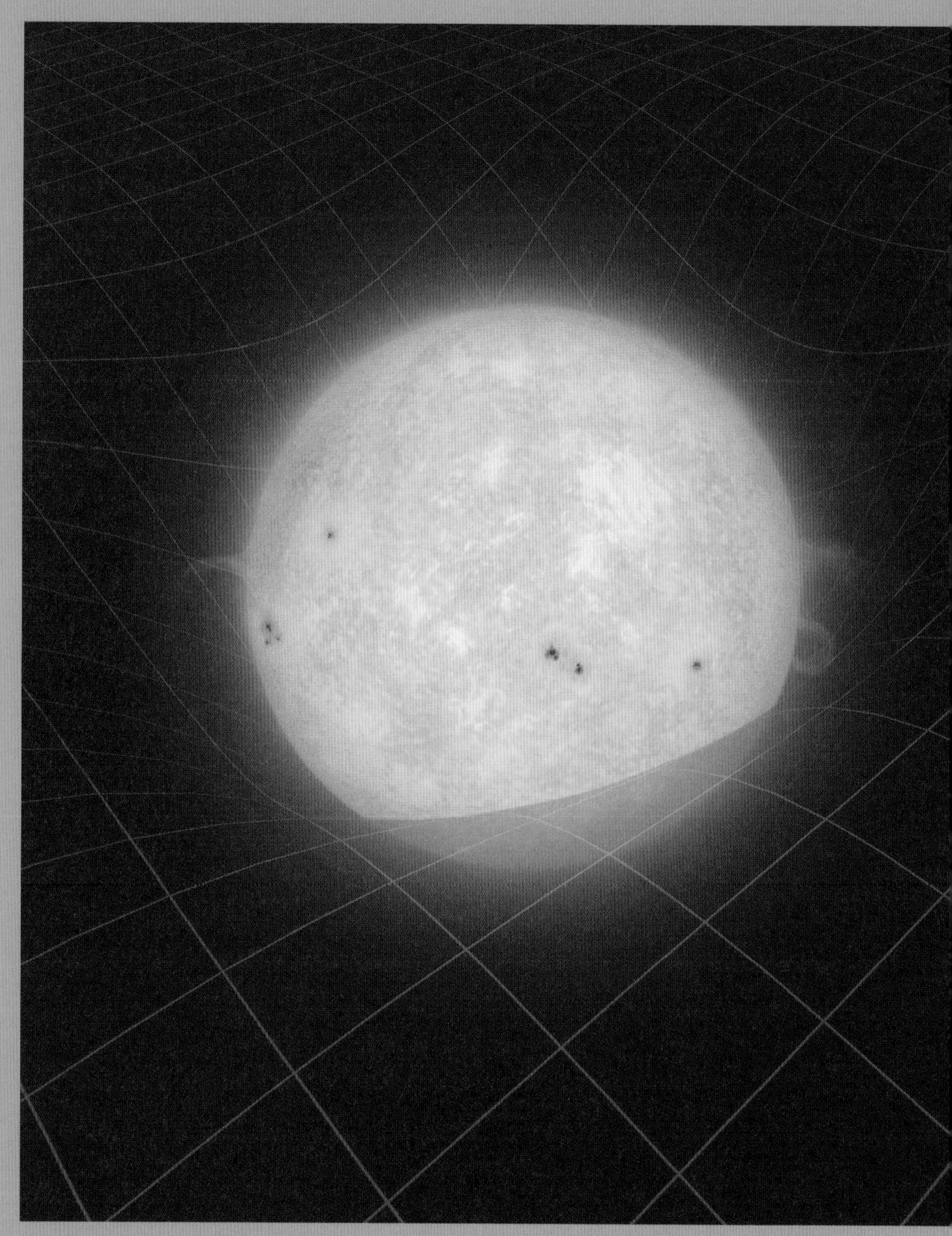

第七章

綿延的連續時空

歷經幾千年來，凝望星空並思忖那裡的奇怪景致都是——向外觀看，設法弄清楚恆星和行星、太陽和月球，如何與地球有關。太陽和月球的運行，是人類用來測定時、日、月和年的天文時鐘。然而空間和時間以往都被視為兩種分離的概念。不過，從二十世紀開始，我們和空間與時間的關係，也開始改變。愛因斯坦之後，時間和空間便鎖在一起，成為時空連續體，對太空的研究，也不只是專注於「外面那裡有什麼」，還著眼研究我們這宇宙的可能過去和未來。

一顆恆星扭曲時空連續體，造成重力效應。

簡述時間的沿革

我們很容易就能體察日子流逝，不過就一整年的格局，那就得靠紀錄和計數才能清楚得知。人類持續記錄時間的最早證據，可以追溯至約兩萬年前。數學和早期天文知識，有可能在人類學習如何追蹤、預測天體運動期間同時出現。

古希臘用來測量時間的漏壺；水時計沿用數千年迄今。

過沒多久，人類就懂得使用日規來測定一天的進程。日規是日晷上的指針，能以投影來追蹤太陽跨越天空的進程。數千年來，這都是光陰流逝的最佳指標。接著到了十七世紀，伽利略拿晃動提燈和他自己的脈搏比對，結果發現了擺的規律運動。擺始終以相等時段來晃動：當弧縮短，擺的運動便隨之減慢，好讓時段間隔保持固定。

伽利略設計了一款擺鐘，卻從來沒有實際製造。最早的擺鐘由惠更斯在1656年造出。後來虎克運用彈簧天然振盪來控制時鐘的機械裝置。自此以機械方式來測定時間成為常規，到了1927年情況方才改觀。生於加拿大並在紐澤西州貝爾電話實驗室任職的電信工程師沃倫·莫里森（Warren Marrison）發現，把石英晶體納入電路，就能運用它的振動來準確測定時間。

> 「我的靈魂渴望明白這種極致糾結不清的謎團。我向你坦承，我的上帝，我對時間是什麼，依然一無所知。」
>
> 聖奧古斯丁

明天和明天和明天

時鐘測定線性時間，對人類生活來講這非常方便，卻不見得就是全貌。時間有可能並非線性的觀點，佛陀和畢達哥拉斯約早在西元前500年都曾提及。他們認為，時間有可能是循環的，而且人死後都有可能再次誕生。柏拉圖認為，時間是在萬物的開端創造出現。然而就亞里斯多德所見，時間只存在於有運動的情況。哲學家芝諾（Zeno, c.490BCE-430BCE）提出了一個明顯矛盾，據此時間和運動似乎都不可能存在。倘若我們把時間逐步切割成小之又小的時段，則一支運動中的箭頭移行的距離，也分割成愈來愈短的單元，就「現在」這個片刻，箭頭並不移動。然而在這種狀況下，箭頭根本不可能運動，因為時間是由為數無窮的「現在」共組而成，而每個現在也都不發生運動。基督教哲學家聖奧古斯丁（St Augustine, 354–430）歸結認為，除非有智慧生命進行觀察，

鐘錶機械裝置帶來第一種準確計時方式。

「……絕對的、真實的、數學的時間……秉持它的天性，平穩地流動，和外界一切事物全不相干。」

艾薩克・牛頓

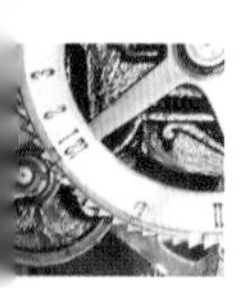

否則時間並不存在，因為唯有對過去事件的記憶，以及對未來事件的預期，才讓有別於當前的時間得以存在。

法國數學家尼克爾·奧里斯姆（Nicole Oresme, 1323–82）詢問，天體時間——依天體運動來測量的時間——是不是通約的（commensurate）：也就是說，有沒有哪種單位可以讓它們的所有運動，都以非負整數來測量。他指稱，智慧創造者肯定會造就出這種情況，不過他話只講到這裡，並沒有斷言，缺了公約數就代表沒有上帝。

聖奧古斯丁。

媒合時間和空間

我們對時間的個人經驗相當明確。時間從過去通過現在朝未來移動，沒有機會回頭、向前跳躍或定格凍結。時間以穩定速率朝一個方向移動。也難怪幾千年來我們總是假設，這完全就是時間的根本天性。但說不定不是。

一切都是相對的

所有運動都是相對於觀測者的位置或運動。所以當你走過房間，這時靜靜站在房間裡的人，就會判斷你的速度約為每小時 5 公里。你和那位觀測者實際上都是位於一顆自轉球體上面，而且球體是以每秒將近 30 公里在太空中迴旋穿梭，不過只有你走過房間的運動才會被人注意到。然而位於遙遠行星上的觀測者（使用優良望遠鏡）也能看出那顆自轉球體的迴旋。（伽利略明白這點，不過他談的是一個人在一艘船上，另一個人在岸上旁觀，而非用望遠鏡觀察的外星人。）所以物體的移動速率取決於參考系；運動只能相對於其他物體或觀測者來做測量。參考系可以是同一個房間、同一艘船、同一顆行星或同一個星系。

愛因斯坦發現這項基本規則的一個例外：光。他說，光始終以定速傳播——和觀測者的移動速率無關。他解釋道，不論你移動得多快，從你旁邊通過的光束，都會以每秒 299,792,458 公尺速度離去。由於光速固定不變，其他事物則不可能恆定——這當中一種事物就是時間。事實上，速度朝光速接近時，時間就會減慢，距離也會縮短。愛因斯坦這方面的見解在 1971 年經證實為真。一台原子鐘由飛機搭載，以非常高速飛行，記錄的時間略短於留在地表靜止不動的

把重力增強到極致：黑洞

黑洞是時空中的「奇異點」。奇異點指稱一重力強大之極的區域，任何物體太過接近，都會被吸進去，連光都逃不出來。黑洞有可能在恆星自行塌縮的時候形成，這時它會變得非常微小，在某些情況下還不比原子核更大，而其密度也高到了極致。脫離黑洞所需的逃逸速度高於光速。黑洞的尺寸測量基準是它的事件視界——沒有任何東西能逃逸的分界線。當太空人朝黑洞下墜，跨越事件視界之時，有可能並不會注意到任何反常現象，不過在外界觀察者眼中，那個人的時間就會變慢。抵達事件視界的邊緣時，太空人彷彿在時間中凍住了。

黑洞概念最早由兩個人分別提出（不過當時並不是採用這個名稱），一位是皮埃爾—西蒙．拉普拉斯（Pierre-Simon Laplace），在 1795 年提出，另一位是英國哲學家約翰．米歇爾（John Michell, 1724–93），比拉普拉斯更早，在 1784 年提出。

米歇爾稱這種密度極高，重力拉力極猛，連光都脫逃不得的恆星為「暗星」。隨後這個觀點在 1916 年重現生機，那是在德國物理學家卡爾．史瓦西（Karl Schwarzschild, 1873–1916）死前不久，他著手計算恆星和塌縮恆星重力場時重新發現。「黑洞」一詞是美國理論物理學家約翰．惠勒（John Archibald Wheeler, 1911–2008）在 1967 年所創，當時宇宙學界才剛發現了這種星體存在的第一項證據。

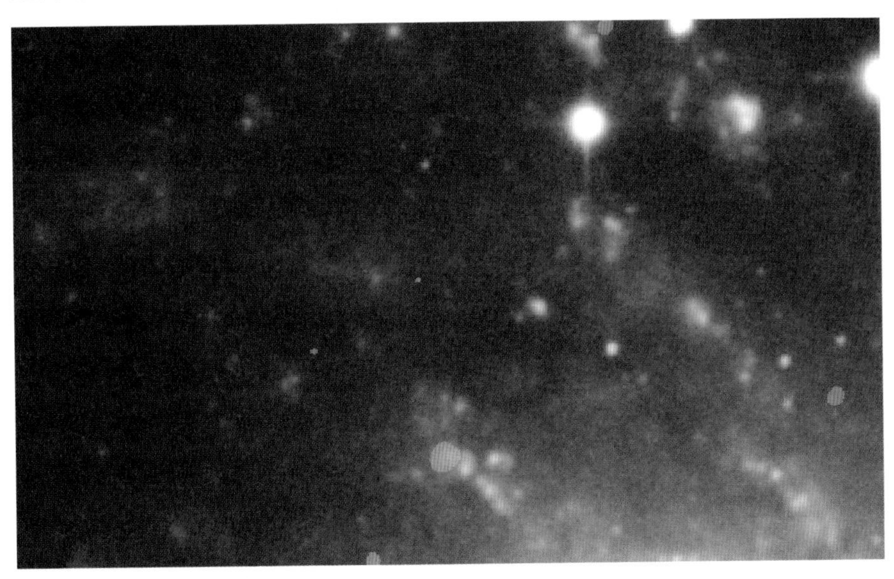

相同原子鐘。不過搭乘高速飛機並不是延長壽命的好辦法——你必須環繞地球1千8百億圈，才能省下一秒鐘。

愛因斯坦在1915年發表的廣義相對論又往前推進一步，把時空和物質帶到一起，並使用重力來解釋它們相互之間的作用。物質彎曲時空，彷若把球體投到伸展的毯子上，讓毯子凹陷。其他物體和光對這種彎曲現象的運動反應，我們就以重力來描述。所以，就如同一顆小球很自然就會朝大球在毯子上壓出的凹處滾去，太空中的小型星體，也會受到時空曲率的驅迫，很自然地在重力影響下，朝向較大物體移行。曲率觀點早在愛因斯坦之前，已經由德國數學家波恩哈德．黎曼（Bernhard Riemann, 1826–66）提出，在他死後於1867–8年發表。不過愛因斯坦所見比黎曼精深得多，因為他提出了方程組來解釋、預測曲率。

很遠之外，很久以前

還有一個比較不理論也不複雜的現象，把我們對空間的關注和時間與光速糾結在一起。我們仰觀星辰，眼中所見卻是它們過去的形影，因為星光傳抵我們這裡需要漫長的時間。連太陽發出的光傳到我們眼中時，也已經過了八分鐘。倘若太陽在兩分鐘前熄滅，往後六分鐘期間，我們依然會繼續看到它散發光芒，對於即將降臨的慘禍毫無所悉。

哈伯望遠鏡拍下的超新星影像，左下方亮點就是那顆星。

離我們最近的恆星，比鄰星（Proxima Centauri）的光芒得花四年三個月才能傳到我們這裡。歷來曾經偵測到的最燦爛恆星之一，是一顆在1988年第一次見到的超新星。由於超新星代表一顆恆星的死亡，那是顆爆炸的恆星，如今不再存續。那顆星體位於五十億光年之外，因此我們在1988年見到的星光，便標誌了那顆恆星發生在五十億年前的死亡事件，那時我們自己這座太陽系，都還沒有形成。克卜勒和伽利略在1604年親眼看到的超新星，約位於兩萬光年之外——因此那顆恆星約在歐洲冰封，猛獁象成群漫遊的時候，已經不復存在。

回到開端

當然了，在沒有人知道恆星和行星是什麼的時代，實在很難說明它們是怎麼

變成那種狀況，而且除了少數醒目的例外，多數文化也都把這道問題留給宗教界處理。大主教詹姆斯・烏雪（James Ussher, 1581–1656）根據《聖經》所載族譜記錄，算出了創世日期（接著從這裡就能估算出宇宙的年齡）為西元前 4004 年 10 月 22 日。其他許多社會則各自提出了不同的創世日期。馬雅人提出了一個創世日期，經轉換為西元前 3114 年 8 月 11 日。猶太教把創世日子訂在西元前 3760 年 9 月 22 日或 3 月 29 日。往世書印度教則朝另一個方向推估，得出創世日期為令人駭異的 158.7 兆年前。此外還有些人指稱，宇宙始終都存在。舉例來說，亞里斯多德便認為，宇宙範圍有限，但會永恆存續。

擺脫混沌

阿那克薩哥拉在西元前五世紀時指稱，宇宙一開始是一團沒有分化的惰性物質。就這樣過了無窮時光，沒有發生任何事情，接著在某個時刻，心智（他以此比喻宇宙的自然定律）開始作用於這種物質，攪起一股迴旋運動。到頭來，比較緻密的物質便集結成團，較不緻密的物質則飄移到這樣形成的天體之外，或者在天體之間飄蕩。這與現代天文學家就宇宙發展提出的現代模型並不是非常不同。如今我們認為，太陽系形成之初，體積龐大的塵埃雲霧凝結形成前行星盤，並經由重力和向心力的作用形成行星。阿那克薩哥拉只依循邏輯（和大量想像力）來推斷。

哲學家德謨克利特和留基伯（Leucippus, 西元前五世紀）認為，宇宙是在迴旋運動促使原子集結成團構成物質之時生成。由於宇宙的時間和空間都無邊無際，而且含有為數無窮的原子，種種可能的世界和原子結構全都必然存在，因此出現我們這個世界和人類，也都沒什麼特別的，甚至可說是不可避免的。既然萬事萬物變動不絕，宇宙也就肯定要出現，最後也終歸瓦解，而其不滅的原子，也會在一個新的宇宙重新使用。即便是在較短的時間範圍內，我們知道當一個恆星系統死亡，其所含原子終究仍會循環再派上用場。

笛卡兒曾描述一種「渦流」宇宙，其中太空並非沒有任何東西，而是充滿了打轉構成漩渦或渦流的物質，從而產生出後來所稱的重力效應。到了 1687 年，牛頓提出一種靜止無窮大的穩態宇宙，其中物質（就大尺度而言）都均勻分布。

> 「〔心智規範〕這種旋轉，如今恆星和太陽和月球和分離的空氣還有以太，都是在這當中運轉。而且分門別類，區隔出緻密的和輕盈的，熱的和冷的，亮的和暗的，乾的和濕的。」
>
> 阿那克薩哥拉，殘編 B12

他的宇宙處於一種重力平衡，不過並不穩定。這種科學模型存續至二十世紀。就連愛因斯坦起初都採信為既定事實，直到種種發現證實了反面觀點。

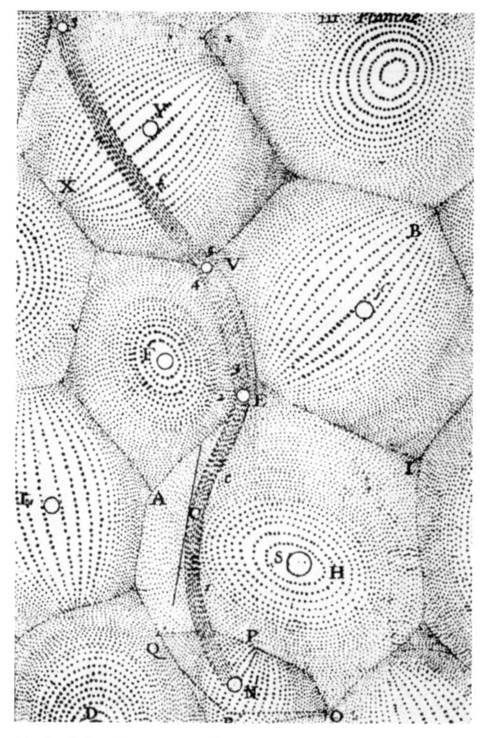

笛卡兒把空間分隔成區，各區內含旋繞一中心點的成群微粒，1644 年。

現代宇宙

愛因斯坦的廣義相對論方程組有一項特徵，它們必須有個「拼湊因子」，否則在靜止宇宙中就無法發揮作用。由於愛因斯坦堅信宇宙是靜止的，因此為他的方程組添加了個「宇宙常數」，好讓它們發揮作用。不過另有些人卻以不同觀點來詮釋他的方程組。膨脹宇宙觀點最早是俄羅斯宇宙學家暨數學家亞歷山大・弗里德曼（Alexander Friedmann, 1888–1926）提出。他使用愛因斯坦的相對性方程組，寫成一篇論文，在 1922 年發表，提出了一種描述膨脹宇宙的數學模型。隔年他 37 歲，年紀輕輕就死於在克里米亞度假時染上的傷寒，死後他的研究成果大半被人忽略。只有少數人讀過弗里德曼的論文，其中一個就是愛因斯坦，不過他當下就排斥那篇作品。後來證據浮現，顯示弗里德曼畢竟是對的，於是愛因斯坦被迫否定他自己先前所提模型，並撤除宇宙常數。

美國天文學家埃德溫・哈伯（Edwin Hubble, 1889–1953）在 1929 年論證指出，遙遠星系分朝四面八方遠離我們所處空間。哈伯還以光譜學分析了這些星系，並注意到它們的光譜全都朝光譜的紅端移動——這就是所謂的「紅移」。

西元前三世紀的希臘斯多葛派哲學家認為，宇宙就像一座島，周圍環繞無盡虛空，並始終不斷變遷。斯多葛的宇宙有脈動現象，會改變大小，而且有週期動盪和突發大火等現象。所有部分都交互相連，因此一地發生的事情，都會影響到其他地方發生的事情，說來奇怪，這種想法也反映於量子纏結（見第 125 頁）。

紅移

以光譜學來分析恆星發出的光，倘若那顆恆星朝著觀測者運行，則它的光譜看來就像是朝藍色波長部分「擠壓」（藍移），若是恆星運行遠離，其光譜就會朝著紅色波長部分「伸展」（紅移）。這就稱為都卜勒效應（Doppler effect）。聲波也會發生這類相仿效應；響著警笛的警車靠近路人時，聲波會受到壓縮，因此音調聽來會比較高，遠離時聲波會伸展，因此音調聽來就比較低。然而哈伯觀測到的紅移，卻不是產生自星系所屬恆星運動所引發的都卜勒效應（不過這確實會造成紅移）。事實上，他的觀測結果乃是出自我們的銀河系和遠方星系之間的太空伸展所致，而這也就是宇宙的膨脹方式。在這伸展空間中傳播的光，波長也隨之受拉扯延伸。波長較長的光，色澤偏紅，因此稱為紅移。這也就是為什麼，找到紅移就等於找到了膨脹宇宙的證據。部分遙遠星系的紅移，最早是由美國天文學家維斯托．斯里弗（Vesto Slipher, 1875–1969）在 1917 年觀測並描述。不過後來是哈伯發現了紅移普遍存在，而且最遙遠的星系，遠去的速度也最快。他發表這項成果，標題為〈銀河系外星雲的距離和徑向速度的關係〉。

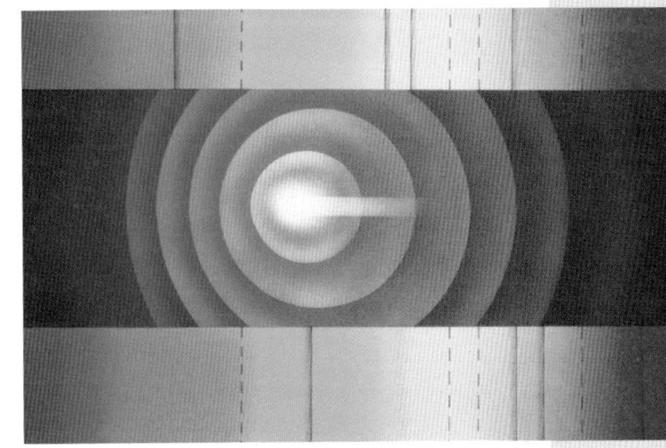

光波朝光譜的紅端或藍端移動，就看光源是遠離或朝向觀測者移動來決定。

這些發現被當成宇宙確實不斷膨脹的證據。這時愛因斯坦大體上依循弗里德曼的模型，不過他採信宇宙振盪觀點，認為大霹靂之後宇宙首先膨脹，最後重力又把所有物質拉回，重新聚攏，導致宇宙收縮大崩墜，並形成一顆奇異點，接著這還會在另一次大霹靂中再次爆炸。這種循環永世不息，不過由於時間和空間是一體，時空都沒有起點，也沒有終點（也可以說是有無數個起點和終點，就看你希望怎麼看待它）。

從宇宙蛋到大霹靂

現代宇宙觀在比利時神父暨物理學家喬治．勒梅特（Georges Lemaître, 1894–1966）提出幾項理論時誕生。勒梅特陳述了一種觀點，認為宇宙一開始是個無窮小又無窮緻密的點──如今稱

之為奇異點，不過勒梅特把它稱為「原始原子」（primaeval atom）或「宇宙蛋」（cosmic egg）。一起威力超乎想像的事件（如今我們稱為大霹靂）把這個奇異點炸開，轉換成宇宙所含一切物質，並把它爆射遍佈空間各處。

勒梅特在 1927 年前往比利時參加索維爾物理學研討會，並在會上發表了他的膨脹宇宙構想。他提出的第一項陳述，後來就成為了哈伯定律——遠方天體遠離地球的速度，和它們與地球的距離成正比。勒梅特在研討會上和愛因斯坦討論這點，結果愛因斯坦又一次排斥那項理論。他告訴勒梅特：「你的數學正確，不過你的物理學卻很差勁！」隨後哈伯的發現卻驗證了勒梅特的物理學正

喬治・伽莫夫（George Gamow, 1904–68）

伽莫夫生於俄羅斯帝國的敖得薩（Odessa），如今為烏克蘭所屬地區。伽莫夫是個極成功又多才多藝的物理學家，他開創了好幾項重大發現，也擬出了好些重要的假設。他的父母親都是老師，不過母親在他九歲時過世。第二次世界大戰期間，他的學校遭轟炸摧毀，導致他的教育中斷，於是他大半都採自學。伽莫夫曾經和當時歐洲幾位最出色的物理學家共同合作，包括拉塞福和波耳。他兩度嘗試逃出蘇聯，第一次是划愛斯基摩皮艇橫渡黑海 250 公里前往土耳其，第二次是從默曼斯克（Murmansk）前往挪威。兩次都遇上壞天氣攪局，落得失敗收場。伽莫夫最後終於叛逃成功，他前往比利時參加 1933 年索爾維物理學研討會（Solvay Physics Conference）時，和太太一道逃亡，並於 1934 年在美國落腳。

伽莫夫的研究工作跨足量子力學和天文學；他發展出原子「液滴」模型，據此把原子核看成一滴不能壓縮的核心流質，還合理描述紅巨星、算出 α 粒子衰變，解釋為什麼 99%的宇宙都是以氫氣和氦氣構成，並闡釋這種現象如何肇因於大霹靂觸發的反應。他預測存有宇宙微波背景輻射，構思理論來說明歷經數十億年光陰，大霹靂餘暉依然存留。他估算如今背景輻射應該已經冷卻到絕對零度以上五度左右。後來彭齊亞斯和威爾遜在 1965 年發現了宇宙微波背景輻射（參見右頁邊欄），兩人測得實際溫度為絕對零度以上 2.7 度。

確，並論證說明，從遙遠星系發出的光線所見紅移，和那些星系與地球的距離成正比。儘管功成名就，勒梅特的「宇宙蛋」理論卻仍遭揶揄，連擁護他的膨脹宇宙模型的愛丁頓都出言譏諷。大霹靂這個名稱在 1949 年出現，源出英國天文學家弗雷德．霍伊爾（Fred Hoyle, 1915–2001）的一句挖苦戲言。霍伊爾在普遍認可勒梅特的模型正確之後許久，依然偏好「穩態」宇宙模型。儘管霍伊爾在 1948 年描述的宇宙也膨脹，不過它規律地添入新物質來讓整體密度保持穩定。反對大霹靂理論的最主要論點在於，應該有某種熱能從原始事件殘留至今，而且那應該是偵測得到的。物理學家伽莫夫便曾提出理論來說明，既然宇宙有膨脹現象，這股熱能就會冷卻下來，轉移進入微波頻段。確證在 1965 年出現，兩位電波天文學家彭齊亞斯和威爾遜就在那年意外發現了宇宙微波背景輻射。有了這項證據，殘存異議者大半轉向加入大霹靂陣營。

僥倖拿到的諾貝爾獎

1978 年，阿諾．彭齊亞斯（Arno Penzias）和羅伯特．威爾遜（Robert Wilson）共獲諾貝爾物理學獎，表彰他們的宇宙微波背景輻射發現成果。事實上，當初他們並不是在找背景輻射，找到時，一開始也沒有認出是它。那時彭齊亞斯和威爾遜是在紐澤西州霍姆德爾鎮區（Holmdel）調校貝爾電話實驗室一台靈敏的微波天線。那台天線是用來做電波天文學研究，進行時他們接收到干擾訊號，讓他們的工作中斷。兩人無法消除雜訊。那種干擾固定不變，均勻來自天空的所有區域。其實他們是恰巧碰上了宇宙微波背景輻射。不遠之外的普林斯頓大學，羅伯特．迪克（Robert Dicke）、吉姆．皮布爾斯（Jim Peebles）和大衛．威爾金森（David Wilkinson）組成的團隊正在打造專門用來尋找宇宙微波背景輻射的儀器，他們很快就明白，彭齊亞斯和威爾遜發現的是什麼。一聽說這則消息，迪克轉頭對其他人講：「兄弟，我們被人搶得頭籌了。」

恆星有多少顆？

最早的星表只能列出肉眼可見的恆星。隨著技術進步，首先出現了目視型望遠鏡，接著是電波望遠鏡，可偵測的恆星數量也增多了——起初平穩增長，隨後如指數竄升。杜雷伯星表（見第 170 頁）最後羅列了 359,083 顆恆星。不過宇宙間恆星的估計數量，依然遠遠超過任何星表所列，而且就像宇宙會膨脹，恆星數同樣也有膨脹傾向。迄至 2010 年尾，一般公認恆星估計數為介於 10^{22} 到 10^{24} 之間。接著夏威夷凱克天文台（Keck Observatory）一支由彼得．范．多克姆（Pieter van Dokkum）領導

的研究團隊在 2010 年發現，恆星數量說不定三倍於先前所想，理由在於先前看不見的紅矮星數量激增所致（就某些星系而言，說不定二十倍於先前估計的數量）。

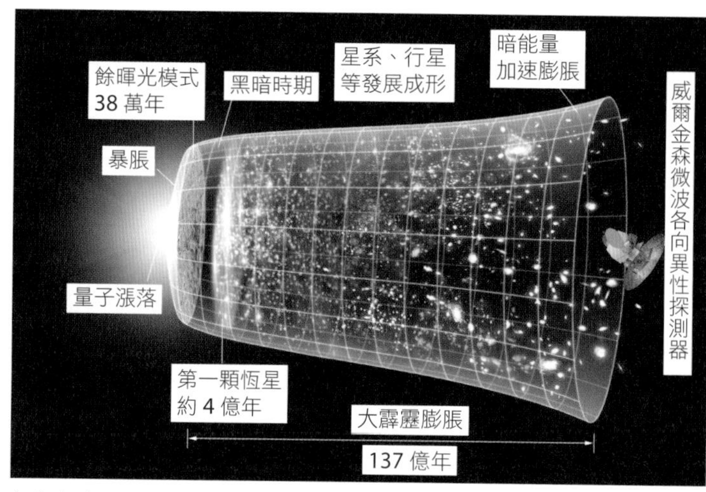

宇宙自大霹靂後如何演變迄今。

可觀測宇宙

如今我們已經有許多方法能用來估算宇宙的年齡：測量放射性同位素（如鈾 238 等）的豐度，以及它們的衰變產物，稱為核宇宙編年學（nucleocosmochronology）；測量宇宙膨脹速率並逆向計算來釐清宇宙的起點應該落在何時；還有檢視球狀星團，根據裡面所含恆星類別來推估出星團的年齡。根據目前的想法，最準確的宇宙年齡是 137 億歲。這是根據美國航太總署威爾金森微波各向異性探測器（Wilkinson Microwave Anisotropy Probe， 用來測量宇宙微波背景輻射的太空船）所得資料求出的數字。

已知最遙遠的類星體約位於 280 億光年之外（見第 180 頁），倘若宇宙年齡果真約只有 137 億歲，這就似乎不可能是真的。這種異常現象能以地球和該類星體之間的時空膨脹來解釋。如今我們從那顆類星體接收的光芒，有可能是從 127 億光年之外發出的，當時那顆類

超新星爆炸影像，分別以光學（左）、紫外線（中）和 X 光（右）波長顯示。

星體還比較接近地球，不過由於雙方之間的空間已經增大了，因此時至今日，那顆類星體已經遠比之前更為遠離。儘管光和星體都不能以超光速在太空中移動，時空卻能以任意速率膨脹。據信可觀測宇宙（只要我們擁有合宜技術，理論上觀測得到的範圍）約橫跨 930 億光年。這並沒有為整體宇宙的尺寸設定上限。超出這個範圍之外，仍可能有物質，只是和地球相隔浩瀚空間，發出的光線尚未傳抵我們這裡。

多重大霹靂

迄至 2010 年之前，並沒有證據顯示，大霹靂有可能是膨脹、收縮宇宙循環當中的一次。但後來羅傑·潘洛斯（Roger Penrose, 1931–）爵士和瓦赫·古爾扎江（Vahe Gurzadyan, 1955–）發現了微波背景輻射有清晰的同心圓樣式，由此推估有些輻射區域的溫度遠小於其他地帶。他們論稱，這就顯示或有一次古老的大霹靂，如同化石一般保存在宇宙微波背景輻射當中。

宇宙有多少個？

「宇宙」一詞意指只有一個，不過好幾位科學家仍指稱，宇宙其實是多重的，我們這宇宙只是眾多宇宙當中的一個。理論物理學家艾弗雷特三世和布萊斯·德威特（Bryce DeWitt, 1923–2004）在 1960 年代和 1970 年代提出了一個「多世界」模型，接著俄羅斯裔美國物理學家安德烈·林德（Andrei Linde, 1948–）在 1983 年描述了一種泡沫宇宙模型，據此我們的宇宙是一個多重宇宙所形成的眾多「泡沫」當中的一個經歷了暴脹的宇宙。

從此一切都走下坡

我們的太陽已經走過了它可能壽命的一半左右。料想它還能再延續個幾十億年，隨後就會依循我們在宇宙其他地方觀察到的模式，膨脹形成一顆紅巨星，接著塌縮形成一顆白矮星，然後逐漸冷卻告終。

儘管我們顯然不會在場親眼目睹，不過宇宙的結局——果真有個結局的話——仍是某些宇宙學家關切的要點。它會不會永恆膨脹，直到最後散盡物質雲霧，不再凝聚成有用的行星系統？或者它是否就內縮而成「大擠壓」，準備好再次迸發，觸動新的大霹靂？果真如此，這個週期就有可能永恆延續（不過，在這種時間連同空間全都崩墜輾壓得點滴不存，接著又從頭開始重新創生的系統當中，永恆這個詞，是沒有意義的）。宇宙的起點和盡頭，真正是科學的最前線，我們以邏輯和數學探索的領域——不過就連這裡，都有一些實驗方法，能夠在我們打造未來的物理學時派上用場，協助改進我們所提理論。

第八章

未來的物理學

普朗克在 1874 年表示他想專研物理學，當時他的家庭教師勸他改挑另一門學科，因為物理科學領域，已經沒有東西留待發現了。所幸普朗克拿他的話當耳邊風。時隔 150 年，物理學仍然有眾多事項尚待發現。我們沒辦法融合重力和量子力學；我們沒辦法說明宇宙大半質量；有些粒子我們覺得應該存在但沒辦法偵測得到，等著被人發現；我們沒辦法真正解釋能量是什麼，而且我們也不知道，宇宙的最終命運是如何，還有它是不是獨一無二的，或者只是眾多宇宙當中的一個。這些都是尚待目前仍在學校教室和大學講堂的未來物理學家投入處理的一些問題。

物理學的實務應用駕馭了宇宙自然定律，開發新技術。

打掉重做

二十世紀的物理學，引領我們從根本重新評估以往走過的大半歷程、把時間和空間結合成時空連續體、換下必然性，改以不確定性和機率來取代、把粒子和波轉變成波粒二象性，還引進了其他儘管怪誕，卻也沒辦法否認的構想。事實上，與其說新的理論推翻了以往走過的歷程，倒不如說它們把過往經歷，納入了某種更大的體系。不過這種更大的體系，依然不能說明一切事情，而且到頭來，它本身也必須納入另一套理論或模型，而且那套學理還必須能夠用來說明我們迄今業已發現的以及依然無解的一切事項。

就這樣了嗎？

看來物理學似乎是有點失敗，不過眼前剩下的最大問題之一是，如何解釋宇宙中的 96% 質能密度。我們看得到的宇宙，都是能反射光或發光的部分，然而這只說明了已知存在部分的微小比例，約佔 4%。「暗物質」一詞是用來描述雖在那兒，只是我們看不到的物質。暗物質觀點最早在 1933 年由保加利亞／瑞士天文學家弗里茨·茲威基（Fritz Zwicky, 1898–1974）頭一個提出。茲威基取法愛因斯坦相對論導出的計算方式，應用來分析后髮座星系團的重力作用觀測結果，他發現該星系團所含質量，肯定數百倍於依其整體光度所推估的質量數。他提稱，差額是暗物質造成的。

那麼這種神祕材料是什麼東西？當今最廣泛為人接受的理論，把暗物質區分為重子物質和非重子物質。重子物質是以質子和中子等構造而成的普通物質。宇宙間的所有可見天體，肯定都會發光或反射光。這似乎相當淺顯明白，然而這卻是非常重要的一點。倘若一顆行星飄蕩到了完全沒有任何恆星照明的地方，或者若有一顆恆星燒光了，它也就不再能被人看到。重子暗物質很可能是

兩座星系對撞形成的一圈暗物質，哈伯望遠鏡攝於 2004 年。

由看不見的物質組成，好比氣體雲、燃料耗盡的恆星和不受光照的行星。

這種事物稱為「大質量緻密暈體」（Massive Compact Halo Objects, MACHOs）。這類天體可以從本身所具有的重力效應來推斷它們位於何方；它們最早在 2000 年，發現於銀河系中。然而，大質量緻密暈體的數量，並不足以填補暗物質的所有缺額。據信絕大多數暗物質都是以大質量弱作用粒子（Weakly Interactive Massive Particles, WIMPs）所組成。依定義，這類粒子並不以電磁力和其他物質相互作用，因此很難尋覓。有些暗物質或能以微中子（見第 135 頁）來解釋，不過仍有空間可供其他未發現的和理論性的粒子來填補，好比軸子（axion）或甚至於其他尚未納入理論假想的奇特粒子。

人造流星

茲威基以新奇的非常規途徑來研究天文學，他的許多構想（包括暗物質）都不為他那個時代的人士認真看待。1957 年 10 月，茲威基從空蜂火箭（Aerobee rocket）鼻錐發射一批金屬彈丸，製造出可以從帕洛瑪山天文台（Mount Palomar observatory）觀看得到的人造流星。其中一枚彈丸據信逸出了地球重力場，成為第一個進入太陽軌道的人造物體。

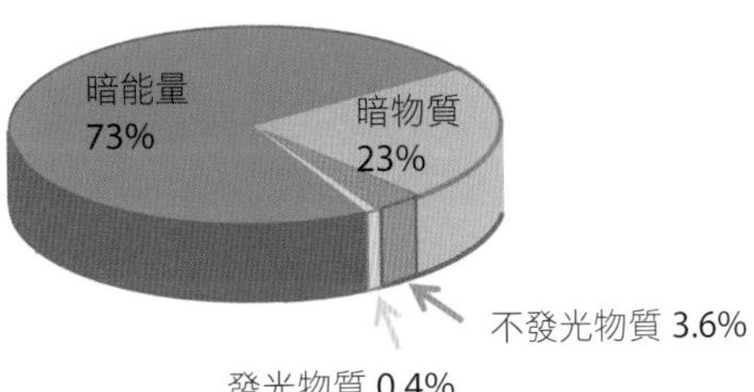

暗能量

若說存有暗物質之說已經很難接受，宇宙學家在 1999 年又從口袋裡掏出了更大的震撼彈，就在那年，超新星宇宙學計畫（Supernova Cosmology Project）結果對外公佈。這項研究檢視了 Ia 型超新星，也就是質量和光度都屬已知，也因此能準確計算出紅移（見第 191 頁）的爆炸恆星。該計畫的發現顯示，宇宙的膨脹現象有別於先前假設，其速率並不穩定，也沒有減緩，卻是加速進行。這種加速度隨後已經由其他研究驗證確認，包括對宇宙微波背景輻射完成的細部研究。為說明這種現象，科學家創制出一個新詞——暗能量。

即便有了大質量緻密暈體和大質量弱作用粒子，宇宙的質能預算仍有鉅額赤字。依當前估計，宇宙所含質能，將近四分之三（約 74%）是由神祕的暗能量構成，其餘大半是暗物質。據信暗能量具有強大的負壓，能說明宇宙的加速膨脹現象。暗能量有可能是同質的，並不是非常緻密，不過出現在四面八方原本空無的空間。暗能量稱號的候選者之一

是宇宙常數，這原本是愛因斯坦為了解釋宇宙為什麼沒有在重力作用下塌縮，才在他的廣義相對論方程組中增添的拼湊因子。後來愛因斯坦放棄那個構想，如今它卻又被喚起，來解釋這些新的發現。

有一項理論說明，宇宙常數有反重力作用，能防範宇宙因重力自行向內拉扯。據信目前宇宙常數的力量強度略勝重力強度，不過迄今仍不清楚，那種力量是否始終保持不變，或往後是否始終保持不變，或者它是否確實是個常數。宇宙學界並非所有人都採信宇宙常數概念，有些人甚至還提出了更奧妙的見解，好比「弦論」（見第 202 頁）。目前還沒有找到很令人信服的證據，可以讓哪項理論看來具有壓倒性的優勢。

> 「宇宙大半是以暗物質和暗能量構成，而我們對這兩種事物都不清楚。」
>
> 索羅．珀爾穆特（Saul Perlmutter）
>
> 超新星宇宙學計畫，1999 年

接下來到哪裡找物質？

物質的標準模型說明原子是以中子和質子等合成粒子所組成，而這些粒子又以夸克（見第 133 頁）等基本粒子所組成。另有些理論還提出了其他種種不同

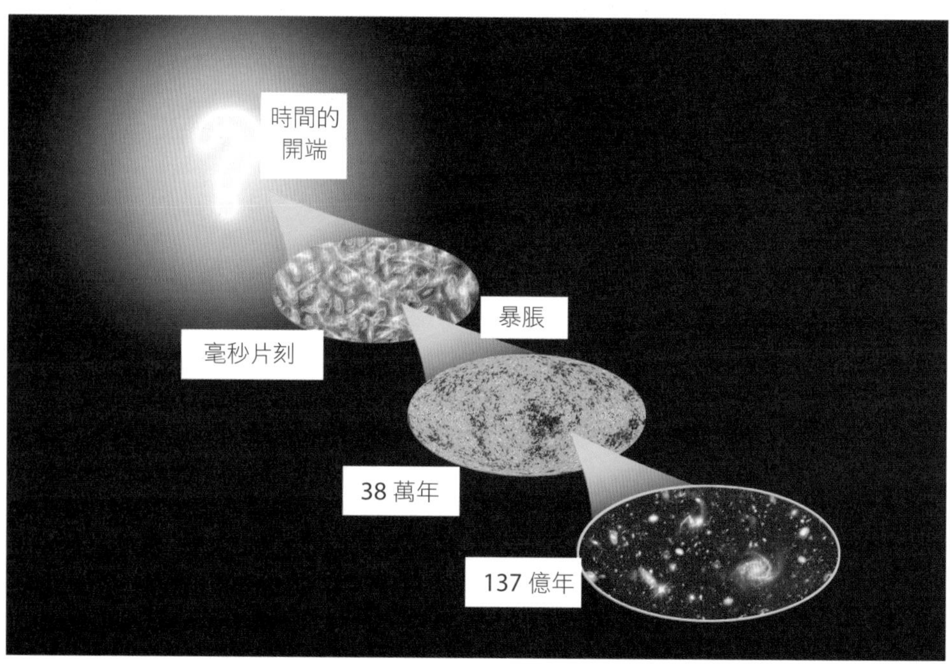

宇宙從大霹靂迄今所展現的不同相貌。

粒子，不過還沒有證明確實存在——或也說不定是不再存在了。放下數學模型，改以實驗方法來探索這些粒子會相當複雜、費錢，必須採用高度先進設備，況且許多粒子的壽命還非常短暫。

假設的希格斯玻色子（或「上帝」粒子）是物質標準模型預測的基本粒子當中，唯一還沒有偵測發現到的。* 這種粒子最早是由英國理論物理學家彼得·希格斯（Peter Higgs, 1929–）在 1964 年提出，據信物質的質量就是得自這種粒子。

要了解這點，首先必須審視一下居間傳遞四種基本力的粒子：電磁是由基本上全無質量的光子來居間傳遞；膠子藉由強核力把夸克連結起來；W 和 Z 玻色子則攜帶弱核力，而且相對而言非常重——約百倍於質子質量。物理學家的問題是如何說明這些居間傳遞作用力的粒子之質量差異。最後得出的解是一種模型，讓部分粒子能有效跋涉穿越濃漿。

希格斯場有點像是物質在空間移動時必須穿越的一種力場。有些量子粒子穿越這種場時，速度減慢現象會比其他粒子嚴重。當你讓粒子減速，實際上也讓它帶上質量。光子不受場阻滯，質量也微乎其微，不過 W 和 Z 玻色子就會受到場的影響而大幅減速，也因此帶有很明顯的質量。希格斯場由希格斯玻色子居間傳遞。若能證明希格斯玻色子確實存在，標準模型也就此大功告成。

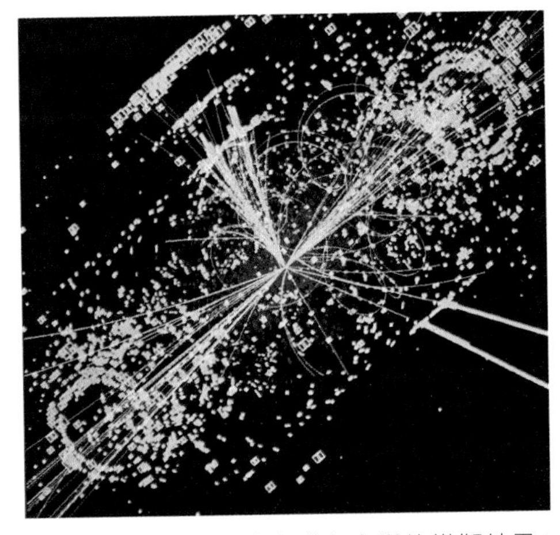

一顆希格斯玻色子的生成和衰變的模擬結果；它會產生出兩股強子噴流和兩顆電子。

不過我們該如何尋找這種粒子？目前物理學家正嘗試用巨型粒子加速器來轟擊，讓它現出身形，動用的設備包括歐洲核子研究組織設於日內瓦地下隧道的大型強子對撞機，還有費米實驗室設於芝加哥附近的兆電子伏特加速器。「頂」夸克在 1995 年經費米實驗室驗證確實存在。這類加速器分朝相反方向，以極高速射出一道道粒子束，沿環圈路徑運行，好讓它們互撞。大型強子對撞機是這類機器當中最大的一台，環狀隧道圓周長 27 公里。大型強子對撞機在一年中發射質子束十一個月，並在一年中發射鉛離子一個月。

質子束經加速到比光速低了不到每秒三公尺之速率，並分次陣陣發射，這樣就不會連續不斷對撞，而是始終相隔至

* 編注：已於 2013 年偵測到。

史蒂芬．霍金搭乘一架改裝過的波音 727 客機，身處零重力狀態。

少 25 奈秒。質子加速後只需 90 微秒就能繞行對撞機隧道一圈——相當於每秒 1 萬 1 千圈。大型強子對撞機研究計畫在 2010 年啟動。物理學家預期，倘若標準模型是對的，則每幾個小時就會產出一顆希格斯玻色子；必須累積兩、三年的資料才能確認發生了這種現象。

把嬰兒和洗澡水分開？

愛因斯坦備嘗艱辛，（徒勞）尋找某種統一理論，期能以此來解釋一切事物，把重力和量子力學融合在一起，形成一組周延的綜合方程式。阿那克薩哥拉大可以同樣這樣講。他希望找到單獨一項解釋，來說明運動和狀態改變，於是物理世界所發生之一切改變，便能由此得解。他堅稱，這項解釋不得含有任何迷信或神聖成分，而是必須完全基於邏輯。在他的模型中，宇宙心智時時環視四周，調節控管無窮變化，確保一切都井然有序。他的意思是指，一切物質的流動，全都由某種定律來控制，不過他還沒發現並解釋那種定律。他的後繼者指出，這種解釋很不令人滿意，不過他這個說法和愛因斯坦與霍金的信念也不是非常不同，兩人都認為，肯定有種統一理論，果真我們能找到它，那就太好了。愛因斯坦在生命結束之際黯然坦承，手頭工作只能留給別人去完成了。迄今那項工作還沒有完成，而且量子理論和廣義相對論之間的鴻溝——儘管實驗證據顯示兩邊都正確——依然是物理學界的一項重大未解之謎。

因應這道問題的一種途徑是發展弦

論。這還不是一個融貫的理論，仍無法測試，說不定也不是廣泛為人採信，不過它針對量子理論和廣義相對論提出更深刻的描述，致力統一這兩個理論。就弦論而言，所有次原子粒子都是「弦」的微小片段，其中有些是兩端斷開，也有些是首尾相連成圈，而且弦會在多維度範圍內振動。粒子之間的差別不在於它們的組成，成分全都是相同的，而是出自它們的振動和聲。這類振動不只發生於我們熟悉的三個空間維度和一個時間維度裡面，而是出現在十個維度。當中有些維度有可能自行蜷縮起來，或者只持續非常短暫時間，因此我們並不知道有這些維度。弦論帶有高度推測成分，連它的擁護者都分別秉持非常不同的版本。

哈雷觀測的梅西爾 13（Messier 13）星團：「這只不過是小小一片區域，不過夜空晴朗無月之時，它在肉眼下清晰可見。」

「M理論是愛因斯坦期盼能找到的統一理論……倘若該理論經過觀察確認，這就會成為我們上溯三千多年來一趟求知歷程的成功結局。那時我們也就找到了那個大設計。」

史蒂芬．霍金

《大設計》（*The Grand Design*）

2010 年

M 理論是弦論的一項發展成果，也把理論物理學帶往新的疆界。增添了第十一個維度是它最節制的貢獻。除了振動弦之外，理論還增添了點粒子、二維膜、三維形體和不可能具體設想的多維度實體（p －膜，其中 p 可以是從零到九的數字）。內部空間的摺疊方式決定了我們認為永恆不變的宇宙定律的特徵——好比一顆電子帶的電荷，或者重力如何產生作用。因此 M 理論容許有分具不同定律的不同宇宙——事實上其總數可多達 10,500 種。M 理論不單是沒有公式表述，連它是什麼東西都沒有共識——那是單一理論呢，或者是一組相關連理論構成的網絡，或者是某種隨情勢因應改變的東西？就連M代表什麼，都沒有人非常肯定。阿那克薩哥拉所稱心智（即「智性」）和愛因斯坦所稱統一場論，如今大概換成了M理論，不過我們已經稍微接近知道真正的答案為何——還有很多物理學留待探索。

圖片來源

Shutterstock: 6, 7, 17 (x2 btm), 18, 21 (x2 top), 41 (l), 55 (top), 57, 59, 68, 84 (btm), 85, 116 (btm), 117 (top), 134, 142 (top), 149 (btm), 151 (all), 155, 171

Photos.com: 11, 17 (top), 20, 26

Corbis: 14, 34, 56 (btm), 61, 82, 109, 110, 119, 127, 146 (btm), 192, 196

Bridgeman: 21 (btm), 30, 44, 62, 162 (btm), 168 (btm)

Science Photo Library: 29, 31, 37 (top), 53 (top), 54, 76 (top), 88, 92, 96 (btm), 101, 122 (btm), 125 (top), 126 (top), 126 (btm), 135, 145, 162 (mid), 173 (btm); 174 (top), 174 (btm), 179, 180, 181 (btm), 182, 187, 190, 191

British Museum: 43 (btm)

Mary Evans: 147

Topfoto: 66 (l), 79, 81, 149 (top), 161

Getty: 72

Clipart: 67, 90

The Nuremberg Chronicle: 8; Rita Greer: 12; Arnaud Clerget: 13 (top); *A Pictorial History* by Joseph G Gall (1996): 13 (btm); Rebecca Glover: 23, 47, 170 (top); Monfredo de Monte Imperiali, 14th C: 24; Johann Kerseboom: 27; Smithsonian Institution (The Dibner Library Portrait Collection): 33; Girolamo di Matteo de Tauris for Sixtus IV: 36; Nino Pisano: 37 (btm); Noé Lecocq 38 (top); bank note Iraq: 38; Gnangarra: 39 (top); Stefan Kühn: 39 (btm), 129; Bibliotheca Apostolica Vaticana: 40; René Descartes: 42 (r); Isaac Newton: 45 (btm), 47 (top), 74, 165; Hooke: 48; Wenceslas Hollar: 49; Christiaan Huygens: 50 (top); Caspar Netscher: 50 (btm); James Clerk Maxwell 52 (btm); Alain Le Rille: 55 (btm); Falcorian; 56 (top); Giulio Parigi: 58; Ibn Sahl's manuscript: 60; Antoine-Yves Goguet: 64; Tamar Hayardeni: 66 (r); Bill Stoneham: 70; Justus Sustermans: 73; Sir Godfrey Kneller: 76 (btm); Danielis Bernoulli: 78; Nicolas de Largillière: 87; *Harper's New Monthly Magazine*, no.231, Aug 1869: 89; V Bailly (1813): 91; Peter Gervai: 93; ESA/NASA: 94, 178 (top), 188; Scott Robinson: 96 (top); Otto von Guericke: 97 (top); L. Margat-L'Huillier, *Leçons de Physique* (1904): 97 (btm); *Natural Philosophy for Common and High Schools* (1881), p.159 by Le Roy C Cooley: 98; Ryan Somma: 100; National Archaeological Museum of Spain: 100 (btm); Nevit Dilmen: 103 (btm); *Experimental Researches in Electricity* (vol.2, plate 4): 103 (top); Arthur William Poyser (1892) *Magnetism and Electricity*: 104; Harriet Moore: 105; George Grantham Bain Collection (Library of Congress): 108, 175 (top); NASA/JPL: 115 (top), 166; Paul Ehrenfest: 117 (btm); inductiveload: 118; US Airforce: 120; Gerhard Hund: 122 (top); Berlin Robertson: 125 (btm); Smithsonian Institute: 130; Gary Sheehan (Atomic Energy Commission: 131 (btm); Julian Herzog; 139; ESO/Stéphane Guisard; Simon Wakefield: 142 (btm); Brian J Ford, *Images of Science* (1993): 144 (btm); J van Loon (c.1611–1686): 146 (top); NASA: 150, 202; Dresden Codex: 152; Andreas Cellarius: 154; *Die Gartenlaube*: 158; Whipple Museum of the History of Science: 159 (r); Thomas Murray: 164; Antonio Cerezo, Pablo Alexandre, Jesús Merchán, David Marsán: 167; The Yerkes Observatory: 168 (mid); *Popular Science Monthly*, Vol. 11: 169; Smithsonian Institute Archives: 170 (btm); Michael Perryman: 172; NASA/HST: 173 (top); Hannes Grobe: 175 (btm); Napoleon Sarony: 177; Yebes: 178 (btm); Astronomical Institute, Academy of Sciences of the Czech Republic: 181 (top); Museo Barracco: 184; Sandro Botticelli: 186; NASA/WMAP Science Team: 194 (top), 200; NASA/Swift/S Immler: 194 (btm); NASA/ESA, MJ Lee and H Ford (Johns Hopkins University): 198; Lucas Taylor: 201; ESA/Hubble and NASA: 203

Wikiuser: Didier B 71; Tamorlan 77 (btm); rama 86 (top); Fastfission: 114; orangedog: 116 (top); ShakataGaNai: 136

Unknown author: 25, 41, 42 (l), 51 (l), 52 (top), 99, 115, 153, 156 (r)

圖解
大人的物理學

2017年1月初版 定價：新臺幣390元
有著作權・翻印必究
Printed in Taiwan.

著者 Anne Rooney
譯者 蔡承志
審訂 張明哲
總編輯 胡金倫
總經理 羅國俊
發行人 林載爵

出版者 聯經出版事業股份有限公司
地址 台北市基隆路一段180號4樓
編輯部地址 台北市基隆路一段180號4樓
叢書主編電話 (02)87876242轉229
台北聯經書房 台北市新生南路三段94號
電話 (02)23620308
台中分公司 台中市北區崇德路一段198號
暨門市電話 (04)22312023
台中電子信箱 e-mail：linking2@ms42.hinet.net
郵政劃撥帳戶第0100559-3號
郵撥電話 (02)23620308
印刷者 文聯彩色製版印刷有限公司
總經銷 聯合發行股份有限公司
發行所 新北市新店區寶橋路235巷6弄6號2樓
電話 (02)29178022

叢書主編 李佳姍
校對 陳佩伶
封面設計 萬勝安

行政院新聞局出版事業登記證局版臺業字第0130號

本書如有缺頁，破損，倒裝請寄回台北聯經書房更換。 ISBN 978-957-08-4846-5 (平裝)
聯經網址： www.linkingbooks.com.tw
電子信箱：linking@udngroup.com

國家圖書館出版品預行編目資料

大人的物理學/Anne Rooney著．蔡承志譯．
初版．臺北市．聯經．2017年1月（民106年）．
208面．16.3×22.8公分（圖解）
譯自：The story of physics
ISBN 978-957-08-4846-5（平裝）

1.物理學

330 105022753